우관 스님의 사찰음식

보리일미

보리일미 菩提一味…

세상 모든 물이 바다로 흘러들어가 한 맛이 되듯이,
모든 맛을 아우르는 깨달음의 한 맛

Contents

깨달음의 한 맛, 보리일미(菩提一味)

보리菩提란 산스크리트어의 Boddhi를 음역하여 '최상의 진리를 깨우친 지혜의 깨달음'이라는 뜻을 담고 있습니다. 일미一味는 '한 맛'으로 '한'은 모든 것을 총섭하는 큰 한 가지라는 뜻을 담고 있습니다. 즉, 보리일미菩提一味란 '깨달음의 한 맛'입니다. 진흙탕 물이든 깨끗한 물이든 세상 모든 물이 바다로 흘러들어가 한 맛이 되듯이, 모든 맛을 아우르는 깨달음의 한 맛이야말로 나의 사찰음식이 추구하는 최상의 맛입니다.

맛의 첫 번째 단계는 자극의 맛입니다. 사람들은 누구나 단맛, 짠맛, 부드러운 맛, 매운맛, 느끼한 맛 등이 혀에 즉각적으로 느껴지는 맛에 탐닉합니다. 씹는 식감에서 즐거움을 느끼거나 매운맛을 통해 스트레스가 해소되는 희열을 느낍니다. 이것은 뇌의 신경전달물질인 도파민(정보의 전달로 세포가 정보를 받아들일 때 생성되는 호르몬)이 생성되면서 일어나는 쾌감입니다. 이것의 문제점은 맛의 자극에 대해 혀가 무뎌지면서 자극의 강도를 점점 높이게 되고, 그 맛에 빠져들어 중독된다는 것입니다. 결국 몸과 정신의 균형도 깨지게 됩니다.

맛의 두 번째 단계는 자연의 맛입니다. 자극적이고 인공적인 맛의 문제점을 알게 된 현대인은 그 대안으로, 가공되지 않은 자연의 재료와 최소한의 천연 양념으로 맛을 내는 음식을 찾습니다. 그것이 바로 사찰음식입니다. 이때는 자연과 교감되는 기쁨으로 엔도르핀이라는 호르몬이 생성됩니다. 자연의 맛은 기쁨의 맛인 것입니다.

맛의 세 번째 단계는 나눔의 맛입니다. 함께 나누어 먹을 사람을 생각하며 조리하고 대접하면서 생기는 충만감과 무엇이든 감사한 마음으로 맛있게 먹는 마음을 가질 때 느껴지는 맛입니다. 나눔을 통해 느껴지는 뿌듯함으로 이때는 사랑의 호르몬인 옥시토신이 생성됩니다.

맛의 네 번째 단계는 무심의 맛입니다. 이는 마음이 편안해지고 고요해지면서 느껴지는 맛입니다. 음식을 씹고 소화시키고 배출하는 일련의 과정을 인식하면서 그 과정을 통해 행복함을 느끼는 맛으로 이때는 행복 호르몬인 세르토닌이 생성됩니다. 비장과 소장, 대장 등 소화기관이 편안한 상태에서 생성되는 세르토닌은 스트레스를 감소시키고 마음을 안정시킵니다.

맛의 다섯 번째 단계는 무념의 맛입니다. 이는 생각이 멈출 때 생겨나는 맛입니다. 이때는 의식 작용이 멈추면서 정보의 유입이나 활동이 정지되는 무념의 상태로, 음식을 맛보되 맛의 감각을 인식하여 에너지가 생성되면서 느껴지는 맛입니다. 이때는 억제성 신경전달물질인 가바가 생성됩니다. 무념의 상태에서 생성되는 가바는 신경 활성을 억제함으로써 몸과 마음을 안정시킵니다.

맛의 마지막 단계는 보리일미의 맛입니다. 이는 본성에서 생성되는 청정한 에너지의 한 맛입니다. 본래 생명은 청정한 성품인 본성을 가지고 있어 스스로 에너지를 생성하고 존재합니다. 하지만 현대인은 이러한 에너지 작용에 대한 인식을 망각하고 탐욕과 성냄, 어리석음에 물들고 먹는 유희에 빠져버렸습니다. 그렇기에 내가 추구하는 사찰음식의 방향은 본래 생명의 한 맛, 보리일미를 맛보여 최상의 맛을 펼쳐 보이는 것입니다. 이것이야말로 법화경에서 말하는 진정한 법희식法喜食이요, 선열식禪悅食입니다. 이 책에 담은 사찰음식은 보리일미를 지향점으로 두고 음식 하나하나를 작업해낸 것입니다.

손쉽게 구할 수 있는 식재료지만 아무나 구할 수 없는 식재료,
손쉽게 따라 할 수 있는 조리법이지만 아무나 만들 수 없는 조리법

지금의 음식들은 하나같이 모양을 내고, 맛을 추구하는 듯합니다. 사찰음식만은 여기에서 벗어나야 한다고 생각했습니다. 식食이 몸을 지탱하고 생명을 유지하기 위함이면 됐지 모양과 맛만을 좇아 흘러가는 것 같아 그 흐름에서 벗어나 나만의 사찰음식 이야기를 하고 싶었습니다.

이번 책은 어디서나 손쉽게 구할 수 있는 식재료지만 아무나 구할 수 없는 식재료, 손쉽게 따라 할 수 있는 조리법이지만, 아무나 만들 수 없는 조리법을 담았습니다. 사람들은 늘 보았던 것, 늘 먹었던 것만을 먹으려고 합니다. 그러나 눈을 돌려 주위를 보면 먹을 수 있는 식재료들이 지천입니다. 세상에 왜 그 많은 식재료들이 존재할까요. 필요하니까 있는 것입니다. 어느 것 하나 버릴 것이 없지요. 다만 못 보고 지나치기 때문에 먹지 못하는 것뿐입니다. 도심에서도 쉽게 만날 수 있는 물가의 식물 수영, 스스로 나고 자라는 지장가리, 상품 가치 없다고 솎아내어 버리고 마는 어린 수박 등 지천에 흐드러진 것, 무심히 지나쳤던 것들에 눈길을 주고 흐르는 물도 아끼는 마음으로 귀하게 여기면 모두 쓰임이 있는 식재료가 됩니다. 그래서 나의 식재료는 어디서나 손쉽게 구할 수 있지만 아무나 구할 수 없는 식재료인 것입니다.

또한 이 식재료들은 어떤 음식이든 만들 수 있습니다. 그것이 꽃이든 줄기든 잎이든 열매든 뿌리든 나물도 국도 밥도 해 먹고 김치와 장아찌도 담고 떡과 차도 만듭니다. 누구나 따라 할 수 있는 손쉬운 조리법으로 어떠한 음식도 만들 수 있습니다. 그러나 무심히 지나친 식재료에 대해 볼 수 있는 눈이 없으니 손쉬운 조리법이라지만 아무나 만들 수 있는 요리는 아닌 것입니다.

자연과 내가 다름이 아니라는 것을 깨닫게 되면 식재료를 볼 수 있는 눈도 열리게 됩니다. 나는 오래전부터 '유상有常과 무상無常의 조화'를 지향하였습니다. 물질과 정신의 조화, 나와 나 아닌 다른 생명과의 조화, 더 나아가 삼라만상과 드러나지 않은 근본과의 조화를 말합니다. 음식을 한 끼만 잘못 먹어도 물질로 이루어진 우리 몸은 바로 상하고 맙니다. 몸이 상하면 정신도 피폐해집니다. 몸이 건강해야 정신도 건강하고, 정신이 건강해야 몸도 건강합니다. 유상과 무상은 결국 둘이 아닌 하나인 것입니다. 상생의 관계로 조화롭게 맞물려 가는 것입니다. 그러니 너와 내가 어찌 다르다 할까요.

자연과 사람도 그러합니다. 지수화풍地水火風으로 이루어진 인간은 결국 자연의 일부입니다. 인간은 자연과의 조화로운 교류를 통해 생명성을 증장시킵니다. 음식 만들겠다고 뿌리째 거두면 생명을 죽이는 일이 되지만, 솎아주듯 채취하면 열매의 번식을 도와 그 자연 또한 생명이 증장되니, 사찰음식은 자연과 인간이 함께 사는 상생의 음식인 것입니다. 나 또한 식재료와 내가 하나라는 상생의 마음을 담아 요리하였습니다.

음식은 마음으로 해야 합니다

어떤 음식이든 먹을 사람을 생각하면서 만들면 맛있을 수밖에 없습니다. 누군가와 함께 나눈다고 생각하면 그 사람을 위한 음식이 만들어집니다. 레시피가 뭐가 필요할까요. 음식을 마음으로 하니 아픈 환자에게는 소화에 이로운 음식을, 어린아이나 어르신들에게는 자극적이지 않고 입맛 살리는 음식을 만들게 됩니다. 이것이 나의 음식 철학입니다. 음식에는 사람의 마음과 기운, 소리가 작동합니다. 실제로 나는 부처님께 올리는 팥죽을 끓일 때 어떻게 해야 맛있게 끓일 수 있을까 궁리를 하며 맛있어져라, 맛있어져라 주문을 외웁니다. 그러면 정말 맛있는 팥죽이 끓여집니다. 상대방을 기리는 마음으로 음식을 만드니 나의 기운이 온전하게 가동이 되어 긍정적인 에너지를 담은 음식이 만들어지는 것입니다.

미얀마에서 수행을 마치고 한국으로 돌아와 경기도 화성의 자재정사 양로원에서 할머니와 노스님들을 위해 원주 소임을 자청하던 시절. 원주 소임 2년 동안 저는 모자라지도 남지도 않게 꼭 100명분의 밥을 지어 찬밥을 없앴습니다. 단 한 번도 찬밥을 남겨 다음 끼니에 내어준 일이 없습니다. 이것은 수행자로서 공양하는 이들을 향한 지극한 마음으로 소임을 다했기에 가능한 일이었지요. 할머니들이 찬밥을 드시는 일은 되도록 없게 해야겠다는 마음 없이 어찌 해낼 수 있었을까요. 음식은 사랑이고, 자비이고, 지극한 마음입니다.

또한 음식은 깨어 있는 마음으로 해야 합니다. 깨어 있는 마음으로 음식을 하면 열 가지 음식도 한 번에 할 수 있습니다. 어느 정도 익었다, 이것은 끓고 있다, 여긴 불이 약하다 하며 그것을 압니다. 깨어 있으니 아는 것입니다. 요리란 이치를 헤아려 만드는 행위로 레시피대로 하는 것이 아니라 스스로 헤아려 창의적으로 만드는 것입니다.

깨어 있는 마음으로 식재료를 다루고 마음을 담아 긍정의 에너지로 정성 들여 음식을 만들면 이건 그냥 음식이 아니라 약식藥食입니다. 묘엄 학장 스님께서 편찮으실 때 편찮으신 어른 스님을 생각하며 소화에 이롭도록 기름 한 방울 넣지 않고 채소물로 볶고 조리하여 소량의 집간장만으로 간을 맞추니, 어떠한 음식을 가져와도 물리던 분이 그 음식을 드시고는 기운을 내셨습니다.

음식이란 만드는 사람의 역량이 그대로 반영되어 깃드는 것입니다. 그렇기에 다시 한 번 강조하지만 만드는 사람의 마음이 중요합니다. 단순히 좋은 재료로 맛있게 만드는 것에 머물지 않아야 합니다. 요리하는 사람은 생명이 깃든 식재료를 통해서 음식을 먹는 대상에게 자연과 연결하는 관점으로 나아가야 합니다. 또한 무념과 무상을 통해 본성의 한 맛을 음식에 깃들게 하여 최상의 맛인 보리일미에 가까워지도록 의식의 진보를 멈추지 않고 나아가야 합니다. 나는 진정으로 이치를 헤아릴 줄 알고 목마른 이에게 물을 주고, 배고픈 이에게 밥을 주는 요리사 스님이고 싶습니다. 누구라도 마음으로 만들고 담아서 먹는 수행식이고 자연식이고 감사식인 공양이 되어 몸도 마음도 온전해지기를 발원합니다. 그것이 사찰음식의 맛, 보리일미-깨달음의 한 맛이 될 것입니다.

음식을 만드는 일은 수행 아닌 것이 없습니다

재료를 손질할 때는 껍질과 뿌리를 그대로 사용하고 실뿌리 등이 잘려 나가지 않도록 깨끗하게 씻어 가능한 한 통째로 사용합니다. 이것은 식재료를 귀하게 여기는 마음 때문입니다. 자연과 내가 하나라고 생각하면 식재료에 대한 배려가 절로 생깁니다. 나물을 다듬어도 될 수 있으면 다 넣어서 먹으려고 하니 버리는 게 없습니다. 김장을 담글 때는 겹겹이 쌓인 배추가 헤아릴 수 없이 많아도 버려지는 음식 쓰레기 하나 나오지 않습니다. 배추 겉잎은 폭폭 무르도록 삶아 시래기를 만들고, 남은 찌꺼기는 다시 모아 밭에 뿌리면 그대로 이듬해 농사의 거름이 됩니다. 그러니 절집 김장에선 음식 쓰레기가 없습니다.

재료가 가진 본연의 맛을 살리기 위해 조리법은 간단합니다. 식재료의 약성을 활용하고 발효장과 발효액으로 맛을 내어 입에는 순하고 소화가 잘되니 먹으면 몸이 따뜻해지고 머리가 맑아지는 음식들입니다.

수행자라면 응당 내 음식은 내가 만들어야 하며, 그것 또한 본인의 수행인 것입니다. 거두고 다듬고 만드는 이 모든 것에 수행 아닌 것이 없습니다.

배움 중이던 강원 시절, 시집詩集이 세상에 나왔을 때 자랑스럽게 학장 스님께 보여드렸습니다. 학장 스님 말씀이 "중은 깨달았을 때만 깨달음의 노래를 시로 써야지, 감성이 무성한 글 따위는 중으로서 할 일이 아니다"라고 하셨습니다. 그 길로 절필하고 오로지 수행에만 매진하여 오랜 세월 살아왔습니다. 어느 날 학장 스님과의 인연으로 사찰음식의 길로 들어섰습니다. 그리고 첫 책을 출간하였습니다. 중으로서 요리책을 쓴다는 것이 어색하고 부끄러워 처음이자 마지막이라 생각하고 있는 힘껏 모든 것을 담고자 했습니다. 다시 요리책 쓸 일은 없을 거라고 여겼기에 훗날 깨달음의 노래를 시로써 세상에 내놓으리라 다짐하면서 말입니다.

그런데 강의를 하면서 나만의 메시지를 담은 음식을 함께 나누어야겠다는 마음이 일어났습니다. 그리고 지난 일 년, 함께 나누고 싶은 마음에 무던히도 열심히 틈틈이 시간 내어 다시 한 권의 요리책을 세상에 내놓게 되었습니다. 그 또한 최선을 다한 수행의 시간이었습니다.

인연이 되면 어느 곳이라도 달려가 원하는 이들에게 나의 사찰음식을 소개하고 맛보여주고 싶습니다. 그들의 몸과 마음이 편안해지고 태평해지도록 사찰음식과 수행하는 삶도 나누고 공유하는 한 모양의 한 맛을 이루고 싶습니다. 이 보리일미 사찰음식이 온 세상 사람들에게 새로운 지표가 되고, 삶의 재미와 진보를 도모할 수 있는 인연이 지어진다면 그것만으로도 나의 소임을 다하였고 충분합니다. 보리일미로 다가가는 구체적인 수행법은 다음 책을 기약해봅니다.

마하연사찰음식문화원에서

우란 합장

약 줄 일도 거름 줄 일도 없는 나의 텃밭.
씨 뿌리면 절로 자라 기쁨을 주니,
산속 고라니와 아낌없이 나누는 공덕까지 쌓습니다.

봄부터 가을까지 감은사는 나물이 지천입니다.
산사에 자연 나물장 들어서니 공 들이지 않고도
제 순일 때 거두어 음식을 만듭니다.
자연을 거스르지 않은 그 계절 공양상은
밥상이 아니라 약상입니다.

'아깝다, 아까워.'
발효액 만들고 버려지는 매실이 아까워
소금, 설탕 넣어 다시 발효시켜 보았더니
음료로는 이것이 더 좋습니다.
흐르는 물도 아끼는 마음으로 만들게 된 음식이 여럿.
세상에 없는 나만의 요리법 하나 갖게 되었으니
이 또한 은혜로운 일입니다.

밭에서 키운 채소의 씨가 번져
감은사 천지가 참나물이 되고, 자소밭이 되곤 합니다.
어느 해는 보리수가 풍작이고, 어느 해는 매실이 해걸이를 하지요.
많으면 많은 대로, 부족하면 부족한 대로 거두어 나누니
작은 산사의 일상은 늘 풍요롭습니다.

나물은 '뜯는' 것입니다. '캔다'가 아닙니다.
내 몸 이롭자고 어찌 뿌리째 생명을 거둘까요.
잎과 줄기를 따내면 솎아주는 역할을 하여 더 튼실하게 자랍니다.
식물도 사람도 함께 생명을 증장시키는 것입니다.

산속에서 야생 씨 하나가 날아왔던가요.

어느 해부턴가 시작된 돼지감자밭. 처음엔 한 평 남짓이던 것이

이제는 산 아래 밭을 온통 차지했습니다. 보통 뿌리 열매인 돼지감자만 먹는데,

감은사에서는 봄·여름에는 잎차를, 가을에는 꽃차를 덖어 돼지감자의 열매부터

줄기, 잎, 꽃까지 모두 식재료로 사용합니다.

도락산 자락 아래 자리 잡은 감은사感恩寺.
감사와 은혜로움 속에 사니 이것이 행복입니다.

1

* 약처럼 먹고 약처럼 쓰는

우관의 천연 양념

마음은 생각만 바꾸면

그 즉시 바꿀 수 있지만

육체는 물질인지라

시간이 필요합니다.

그래서 음식이 중요합니다.

식재료에서 놓치기 쉬운 것이

양념의 재료.

뼛속까지 건강하게 바꾸려면

양념부터 바꿀 일입니다.

약처럼 먹으라고

이름도 양념 아닌가요.

천연 가루

양념으로 쓰는 천연 가루는 주로 향이 강한 향신채들이다. 향신채가 가지고 있는 맛과 향, 약성을 활용하는 것으로, 신선한 식재료가 부족한 겨울철 음식의 맛과 향을 더할 때 특히 요긴하다. 천연 가루들은 음식의 보관성을 높이고, 그 맛과 향이 신경을 안정시키는 역할을 하는 것은 물론 침샘을 자극하여 소화를 돕는다. 밀가루에 섞어 사용하면 소화가 잘되지 않는 글루텐을 중화시킨다. 맛이 여운으로 남도록 음식에 소량 사용하는 것도 좋다.

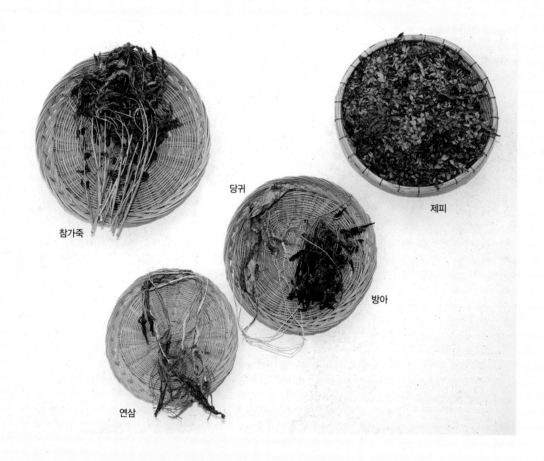

당귀

제피

참가죽

방아

연삼

참가죽은 찜기에 살짝 쪄서 바싹 말린 다음 보관해두었다가 끓여서 달인 물을 사용한다. 참가죽에 표고와 무를 넣어 채소물을 내면 맛이 진하고 감칠맛과 담백함이 더해진다. 이것을 물국수에 사용하면 맛을 제대로 누릴 수 있다. 참가죽은 향이 강해 찌개나 국, 볶음 등의 요리에 밑국물로 사용하면 본래 음식이 가지고 있는 맛을 가리므로 이것보다는 참가죽 향을 진하게 즐기고 싶을 때 물국수, 부침 반죽 등에 사용한다.

제피 열매는 가루 내어 사용하고, 잎은 생으로 말려두었다가 그대로 볶음이나 조림, 밥 등에 사용하면 맛과 풍미를 더해준다.

연삼, 당귀, 방아 등은 주로 가루로 사용하지만, 말려두었다가 음식에 활용하기도 한다. 방아잎은 잘 말려두었다가 한겨울 된장찌개 등에 넣어 끓이면 생방아잎처럼 맛과 향을 더해준다.

만들기

연삼과 당귀잎은 질깃하여 잎과 줄기째 끓는 물에 살짝 데쳐 말린 다음 절구나 믹서에 갈아준다. 그 외 재료들은 데치는 과정 없이 생으로 말려 가루를 낸다. 체에 내리면 고운 가루를 사용할 수 있다.

보관법

밀폐 용기에 담아 그늘지고 서늘한 곳에서 실온으로 보관한다. 이때 양에 맞게 용기를 선택하여 밀폐 용기 안의 공기 양을 줄여 보관하는 것이 좋다. 햇빛 있는 곳에 두면 산화되어 오래 두고 먹을 수 없으니 주의해야 한다. 보관만 잘하면 3~4년을 두고 먹어도 맛과 향이 변하지 않는다.

활용법

여주, 연삼, 방아, 더덕, 당귀 가루는 다른 곡류 가루와 함께 섞어 음료로 만들어 먹거나, 우유나 요거트, 과일 등에 섞어서 향을 즐길 수 있다.

치자 가루

제피 열매 가루

표고버섯 가루

여주 가루

연삼 가루

방아 가루

당귀 가루

더덕 가루

치자 가루

치자는 자체의 맛과 향이 없이 색이 고와 밥이나 떡, 밀가루, 연근이나 무 등의 식재료에 색을 입힐 때 사용한다. 치자 넣어 밥을 하면 더 차지고 잘 쉬지도 않는다. 감은사 잔칫날 치자밥에 나물 밥상을 차리면 색 고운 절집 음식에 다들 감탄을 하니 매년 치자꽃 향 날릴 때면 마음이 바빠진다.

제피 열매 가루

제피의 가을 열매는 말려서 안의 씨는 빼고 껍질만 곱게 갈아서 사용한다. 김치나 겉절이 등에 넣으면 알싸한 맛을 더해 풍미를 높여준다.

표고버섯 가루

갓과 밑동을 분리하여 바싹 말린 다음, 갓만 가루 내어 온갖 국, 찌개, 나물, 무침 등에 사용한다. 채소물 낼 시간이 없을 때 한 숟가락 넣어주면 금세 국물의 맛과 풍미를 더할 수 있다. 밑동도 버리지 않고 말려두었다 채소물 낼 때 사용한다.

여주 가루

쓴맛이 강해서 생으로 말린 것을 한 번 덖은 다음 가루를 낸다. 밀가루 반죽에 넣어 수제비나 칼국수 등을 만드는 데 사용한다.

연삼 가루

볶음, 조림, 찌개 등 모든 음식에 소량 넣어주면 향미를 더해 맛을 배가시킨다. 밀가루 반죽에도 사용하고 묵을 쑬 때도 넣어주면 풍미를 더할 수 있다.

방아 가루

잎과 줄기를 따서 생으로 말려 가루 내어 온갖 음식에 천연 조미료로 사용한다. 특히 된장찌개나 부침 밀가루 반죽에 넣어주면 좋다. 방아는 향이 강하여 음식 본연의 맛을 해치지 않을 정도로 섬세하게 사용해야 한다.

당귀 가루

당귀 가루는 맛과 향이 뛰어나 무침이나 볶음류, 밀가루 반죽에 사용한다. 다른 천연 조미료와 달리 잎과 줄기째 끓는 물에 살짝 데친 다음 바짝 말려서 가루를 낸다.

더덕 가루

당귀 가루와 마찬가지로 더덕 가루 역시 맛과 향이 뛰어나다. 각종 무침과 볶음, 밀가루 반죽에 사용한다.

< **02** >

설탕 대용 천연 발효액

제철 산야초의 순, 잎, 열매, 뿌리에 설탕을 더해 오랜 기간 발효시켜 만드는 발효액은 재료들의 풍부한 약성이 그대로 녹아 있다. 숙성 과정을 통해 재료에 함유된 효소뿐 아니라 엽록소, 미네랄, 비타민 등이 빠져나오기 때문에 식물의 정수를 고스란히 먹는다 해도 과언이 아니다. 미생물이 살아 있는 발효 식품이라 음식의 소화를 돕고 몸에 면역력과 저항력을 길러준다.

만들기

매실 10kg에 설탕 3~4kg을 넣어서 버무린다. 실온에서 3~4일 정도 1차 발효시키면 거품이 보글보글 올라온다. 이때 설탕 3kg을 더 넣고 버무려 항아리에 담고 그 위에 설탕 1kg을 덮어 면포로 입구를 봉한 다음 햇빛이 들지 않는 서늘한 곳에 보관한다. 처음 3개월 동안은 보름에 한 번 정도 저어주면 발효가 더 잘된다. 보통 매실과 설탕을 1:1 동량으로 쓰는데, 마하연에서는 1:0.7 비율로 설탕을 덜 사용한다. 건지는 일 년 후에 분리하여 발효액만 항아리에 담아 다시 2차 발효한다. 모든 발효액을 담그는 방법은 이와 같다.

활용법

설탕 대신 사용하거나 음료로 활용하거나 양념으로 쓰려면 최소한 3년 이상 숙성시킨 진한 발효액을 사용한다. 미생물이 살아 있어 열을 가하는 음식보다 생채 요리에 사용하면 더 좋다.

(위) 음식에 제일 많이 사용하는 나의 매실 발효액은 크게 달거나 시지 않다. 그 이유는 설탕을 덜 넣고 자소를 넣어 2차, 3차 발효하였기 때문이다. 그래서 어떤 음식에 넣어도 그 맛을 가리지 않아 모든 음식에 조화롭게 잘 어울린다.

자소매실 발효액 _ 매실에 자소를 넣으면 색이 고울 뿐 아니라 천연 방부제 역할을 하며 발효도 더 잘 이루어진다. 자소 잎과 줄기를 깨끗이 씻어 물기를 제거한 후 발효 중인 매실에 넣고 섞어준다. 자소의 양은 매실이 10kg이면 1kg 분량. 자소가 매실의 단맛과 신맛을 중화시켜 맛을 더 깊게 만들어준다.

1. 발효 창고. 발효액과 김칫독을 묻어두는 숙성실이다. 숙성실에 있다가 나와야 발효가 잘되고 맛이 변함이 없다. 당화되는 1~2년 동안 이곳에 보관하여 발효시킨다. 2. 숙성실에서 꺼낸 발효액은 건지를 분리해서 발효액만 항아리에 담아 햇빛이 없는 서늘한 곳에 둔다. 이곳의 항아리는 보통 3~4년 정도 된 발효액. 3. 공양간 안에 두고 사용하는 발효액. 건지를 분리한 발효액을 유리병에 담아 햇빛이 없고 서늘한 곳에 두고 사용하고 있다. 모두 5년 이상 된 발효액이다. 4. (왼쪽부터) 토마토 발효액, 비트+체리 발효액, 가지 발효액, 자소매실 발효액, 보리수 발효액.

< **03** >

── 모든 요리의 밑국물, 채소물 ──

재료 물 1L, 마른 표고버섯 5장, 무 100g, 다시마 2쪽(10×10cm)

만들기

다시마를 제외한 나머지 재료를 넣고 15분 정도 끓이다가 다시마를 넣고
5분 정도 더 끓여 완성한다.

때에 따라서는 물 1리터에 마른 표고버섯 10장을 넣고 2시간 정도 우린 채소물을 사용하거나,
물 1리터에 다시마 3장(가로×세로 10×10cm)을 2시간 이상 우린 걸 사용하기도 한다.
책에 나오는 채소물은 모두 위의 방법으로 만들었다.

나의 보리 고추장은 직접 띄운 보리밥과 엿기름가루로 만든다.
띄운 보리밥으로 만든 보리 고추장은 생으로 무친 요리도
좋지만, 국이나 찌개를 끓이거나 볶음, 조림 요리를 했을 때 훨씬
구수하고 깊은 맛이 배어난다. 이 분량은 황금 레시피로 이대로만
따라 하면 누가 해도 맛있는 보리 고추장을 만들 수 있다.

‹ **04** ›

보리 고추장

재료 고춧가루 600g, 메줏가루 200g, 엿기름 가루 200g, 삭힌 보리밥 400g,
조청 800g, 소금 200g, 물 1.6L

만들기

1. 물에 엿기름 가루를 넣고 저어가며 끓인다.

2. 엿기름 물이 끓으면 소금을 넣고 저어가며 끓인 후 엿기름 물을 식혀준다.

3. 엿기름 물이 미지근해졌을 때 삭힌 보리밥과 조청, 메줏가루를 넣고 고루 저어준다.

4. 고루 섞인 상태에서 고춧가루를 넣고 골고루 저어 색과 간이 배면 깨끗이 소독한 항아리에 담는다.

삭힌 보리밥 _ 보리밥을 밀폐 용기에 담아 따뜻한 온도에서 일주일 정도 삭히면 풀이 된다. 이불로 덮어주면 좋다.
엿기름 가루 _ 겉보리를 씻어서 1시간 정도 물에 담갔다가 소쿠리에 건져 물기를 뺀다. 보자기를 깐 시루에 넣어 4~5일간 따뜻하면서 빛이
없고 습한 곳에서 아침저녁으로 물을 주어 싹을 틔운다. 보리의 잔뿌리가 나오고 1~2일 후에 싹이 나오면 일단 하루 정도 말린다.
그다음 넓게 펼쳐 널어 3~4일 정도 말리면 고슬고슬해진다. 손바닥으로 비벼
잔뿌리와 싹을 까불고 키로 날린 다음 분쇄해서 가루를 낸다. 체에 한 번 내려 곱게 만든다.

2

*

우관의 자연 공양

죽과 밥과 국수로 어우러진

부처님은 오전에 한 번 먹고,

오후에는 음료 말고는

아무것도 먹지 말라 하셨습니다.

1일 1종식(一日一 終食).

세끼 식사보다 중요한 것이

내 몸이 건강하도록 먹는 것입니다.

채 소화가 되기도 전에 때가 되었다고

식사를 하는 것은 어리석습니다.

밥을 먹되

그 밥에 먹히지 않도록

하는 것이 중요합니다.

순해서 좋은 아침 공양, 별미 죽

죽을 먹으면

1 힘이 생기고

2 수명이 늘어나고

3 즐겁고

4 청량한 음성을 갖게 되고

5 소화 기능이 높아지고

6 수분 섭취가 많아지고

7 감기를 예방하고

8 공복감이 없어지고

9 갈증이 덜하고

10 배변이 원활해진다.

이것이 죽이 주는 10가지 공덕입니다.

명월초 _ 26종의 천연 유기질 성분이 포함돼 있는
슈퍼푸드로 일본에서는 생명을 구한다고 하여
구명초라 불립니다. 아삭아삭한 식감을 살려 생쌈,
김치, 장아찌로 먹거나 국이나 찌개, 볶음 등으로
다양하게 먹을 수 있지요. 잎을 말려서 차로
마시면 성인병 예방에 좋습니다.

명월초
된장죽

명을 이어준다 해서 명월초라니, 얼마나 이로우면 이런 이름이
붙었을까요. 사람들은 생잎으로 쌈을 먹거나 장아찌를 한다는데, 나는
겨울을 이겨낸 그 기운 헤아려 봄죽을 끓입니다.

재료

현미 1컵
명월초 200g
채소물 7컵
된장 1큰술

만들기

1. 현미는 깨끗이 씻어서 4시간 정도 불린다.
2. 명월초는 깨끗하게 씻은 다음 1cm 길이로 잘게 썰고 채소물 1컵에 된장을
   풀어둔다.
3. 바닥이 두꺼운 냄비에 불린 현미와 채소물 6컵을 넣고 중간 불에서 푹
   끓인다.
4. 쌀알이 익어 퍼지기 시작하면 2를 넣고 나무 주걱으로 저으며 끓인다.
5. 죽이 다시 끓어오르면 고루 저어 그릇에 담아낸다.

쑥흰콩죽

봄기운이 돌면 삐죽 올라온 쑥으로 감은사 마당이 소란소란합니다.
이른 아침, 이슬 맺힌 쑥 뜯어 죽을 끓이면 봄을 통째 얻은
기분이지요.

재료

백미 1컵
쑥 200g
흰콩 ½컵
물 8컵
고운 소금 약간

만들기

1. 흰콩은 깨끗이 씻어 2시간 이상 불리고, 백미도 1시간 이상 충분히 불린다.
2. 쑥은 다듬어 깨끗이 씻고 1cm 길이로 잘라둔다.
3. 냄비에 불린 콩과 물 2컵을 부어서 콩이 한 번 우르르 끓으면 불을 끈다. 삶은 콩물은 따라두고 콩은 찬물에 헹구어 껍질을 벗겨둔다.
4. 믹서에 껍질 벗긴 콩과 콩물을 넣고 간 다음, 고운 면포에 콩국만 꼭 짜둔다.
5. 바닥이 두꺼운 냄비에 불린 쌀과 물 6컵을 넣고 중간 불에서 푹 끓인다.
6. 쌀알이 익어 퍼지기 시작하면 쑥을 넣고 나무 주걱으로 고루 저어가며 약한 불에서 끓인다.
7. 죽이 끓어 오르면 4의 콩국과 고운 소금을 넣고 고루 저어 그릇에 담아낸다.

시금치두부 현미죽

두부를 치즈처럼 올려 식감을 살렸습니다. 비타민과 무기질,
단백질의 영양 균형까지 챙긴 속이 편한 순한 죽입니다.
집간장으로 간하면 쉽게 깊은 맛을 낼 수 있습니다.

재료

현미 1컵, 시금치 200g
두부 160g, 물 7컵
들기름 1큰술
집간장 · 굵은소금
1작은술씩

만들기

1. 현미는 4시간 이상 충분히 불려둔다.

2. 시금치는 깨끗이 씻어 잘게 다진 뒤, 믹서에 물 1컵을 넣고 성글게 갈아둔다.

3. 두부는 사방 1cm로 깍둑썰기 하여 끓는 물에 굵은소금을 넣고 삶아 헹군다.

4. 냄비에 현미와 물 6컵을 넣고 중간 불에서 푹 끓인다.

5. 죽이 끓어오르면 2를 넣고 약한 불에서 고루 저으며 끓인다.

6. 죽이 끓어오르면 두부와 집간장을 넣고 한소끔 더 끓여 들기름을 넣고
그릇에 담아낸다.

참마죽

제철 참마는 이 계절 약이 되는 식재료입니다.
절에서는 뼛속의 근기를 채워준다 하여 가을이 되면 꼭 챙기는
식재료로 생으로, 무침으로, 부침으로 다양하게 먹습니다.

재료

현미 1컵
참마 200g
채소물 7컵
고운 소금 약간

만들기

1. 현미는 깨끗이 씻어서 4시간 이상 충분히 불린다.
2. 참마는 깨끗하게 씻어 사방 1cm로 깍둑썰기 하여 물에 담근 후 건져낸다.
3. 바닥이 두꺼운 냄비에 불린 현미와 채소물 7컵을 넣고 중간 불에서 푹 끓인다.
4. 쌀알이 익어 퍼지기 시작하면 참마를 넣고 나무 주걱으로 저으며 끓인다.
5. 죽이 다시 끓어오르면 고운 소금을 넣고 고루 저어 담아낸다.

우엉
찹쌀죽

절집 죽은 밥알보다 채소가 많습니다. 그래서 숟가락이 아닌
젓가락으로 먹는다 했지요. 우엉 찹쌀죽도 그러합니다. 수행승 시절,
큰스님은 언제나 여기에 집간장 대신 장아찌 간장을 내게 하셨습니다.
장아찌가 열이면 간장도 열이라. 같은 죽에도 간장만 달리하면
열 가지로도 낼 수 있습니다.

재료
찹쌀 1컵
우엉 200g
채소물 7컵
집간장 약간

만들기
1. 찹쌀은 깨끗이 씻어서 1시간 이상 충분히 불린다.
2. 깨끗이 씻은 우엉은 칼등으로 껍질을 긁어 벗긴 후 5cm 길이로 곱게 채 썬다.
3. 바닥이 두꺼운 냄비에 불린 찹쌀과 채소물 7컵을 넣고 중간 불에서 끓인다.
4. 쌀알이 익기 시작하면 채 썬 우엉을 넣고 나무 주걱으로 고루 저으며 끓인다.
5. 죽이 끓어오르면 집간장으로 간하여 그릇에 담아낸다.

브로콜리 죽

브로콜리는 겨울에서 봄이 제철입니다. 겨울이 제철이니
녹색 궁한 이 계절엔 브로콜리가 반가워 얼른 죽부터 끓여봅니다.

재료

현미 1컵, 브로콜리 250g, 채소물 7컵, 굵은소금 · 집간장 약간씩

만들기

1. 현미는 깨끗이 씻어서 4시간 이상 충분히 불린다.

2. 브로콜리는 모양을 살려 길이 1cm 정도로 잘라 끓는 물에 굵은소금을 넣고 데쳐 찬물에
   헹군다.

3. 바닥이 두꺼운 냄비에 불린 현미와 채소물 7컵을 넣고 중간 불에서 푹 끓인다.

4. 쌀알이 익어 퍼지기 시작하면 자른 브로콜리를 넣고 나무 주걱으로 저으며 푹 끓인다.

5. 죽이 끓어오르면 집간장을 넣고 고루 저어 그릇에 담아낸다.

발효
연자차죽

나의 죽은 참기름을 넣고 볶는 과정이 없어 소화에 좋고,
처음부터 넉넉한 양의 물을 붓고 끓여 쌀알이 탱글탱글 살아 있습니다.
그래서인지 죽이지만 씹는 식감이 있지요. 발효 연자차 죽은 우린 연자
건지를 한 숟가락 넣어 연자의 씹는 맛을 더하였습니다.

재료

현미 1컵
발효 연자차 10g
물 8컵
고운 소금 약간

만들기

1. 현미는 깨끗이 씻어서 4시간 정도 불린다.

2. 다관에 발효 연자차를 넣고 끓인 물에 한 번 헹구어내고 10분 정도 우려서
   찻물 7컵을 만들어놓는다.

3. 바닥이 두꺼운 냄비에 불린 현미와 발효 연자차 7컵을 넣고 중간 불에서
   푹 끓인다.

4. 쌀알이 익어 퍼지기 시작하면 우린 연자차 건지를 1큰술 넣고 죽이 다시
   끓어오르면 고운 소금으로 간하여 그릇에 담아낸다.

발효 연잎차
누룽지

발효차는 성정을 따지자면 속을 편안하게 하는 순한 차입니다.
그 우린 물로 죽이나 누룽지를 끓이면 발효 효소가 소화를 도와
어린아이는 물론 어르신들에게도 좋습니다.

재료

발효 연잎차 10g
누룽지 150g
물 6컵

만들기

1. 물 6컵을 먼저 끓여놓는다.
2. 다관에 발효 연잎차를 넣고 약간의 물을 부어 연잎차를 씻어낸 다음 1컵의
   물을 부어 10분 정도 연잎차를 진하게 우려낸다.
3. 냄비에 진하게 우린 찻물과 남은 물을 붓고 누룽지를 넣어 센 불에서 끓인다.
4. 끓어오르면 약한 불에서 5분 정도 더 끓인 후 그릇에 담아낸다.

찬 없이 먹는 점심 공양, 한 그릇 밥

김치, 장아찌나 곁들일까요.

찬 없이 정갈하게 차려낸 가벼운 밥상입니다.

홑잎은 파릇파릇 막 움이 돋은 새순
(사진 맨 위)일 때 따야 합니다. 제때를
못 맞추면 금방 웃자라(사진 아래)
풋내가 나니 잎이 올라오기 전에 땁니다.
화살나무의 새순을 한 소쿠리 채우려면
얼마나 오랜 시간 작업해야 하는지.
먹을 수 있는 날도 열흘 남짓 화살처럼
지나가니, 봄날의 홑잎은 이래저래
부지런해야 먹을 수 있습니다.

홑잎밥

이른 봄. 초록 귀한 계절에 화살나무는 어떤 것보다 먼저
새순을 올립니다. 화살나무의 새순을 홑잎이라 하지요. 그 계절 나무의
모든 영양이 이 홑잎 안에 있습니다. 향은 없는데, 먹으면 뼛속까지
파래질 정도로 그 에너지가 봄의 정수입니다.

재료

백미 1컵, 홑잎 300g
물 1⅕컵
양념장
집간장 · 매실 발효액 ·
들기름 · 참깨 가루 1큰술씩
고춧가루 ½작은술
다진 청고추 1개

만들기

1. 백미는 깨끗이 씻어서 1시간 정도 불린다.

2. 홑잎은 깨끗이 씻어서 체에 밭쳐 물기를 빼둔다.

3. 솥에 쌀을 안치고 물을 부은 다음 뚜껑을 덮어 센 불에서 끓인다.

4. 밥물이 부글부글 끓어오르면 중간 불로 줄이고 홑잎을 넣고 뚜껑을 덮는다.

5. 5분 정도 지나 약한 불로 줄여 5분 정도 뜸을 들인 뒤 밥이 다 되면 주걱으로
   고루 섞어서 그릇에 담고 양념장을 곁들여 낸다.

생강나무잎 · 산뽕잎 · 칡잎 쌈밥

※

사월 봄 산의 여린 잎은 맨입에 먹어도 맛있습니다.
산나물을 서너 장 겹쳐 그 안에
밥 한 술, 다시 산나물 두어 장 넣어 먹는 것이
절집의 쌈밥이지요.
밥보다 나물을 많이 먹습니다. 산나물 살짝 데쳐
한 입 크기로 숙쌈밥 착착 접어 상에 내면
잔치 음식으로도 좋습니다.

재료

현미밥 3공기, 생강나무잎 · 산뽕잎 · 칡잎 각 10장씩, 굵은소금 약간
양념 쌈장 고추장 1큰술, 된장 1작은술, 매실 발효액 · 들기름 · 참깨 가루 1큰술씩

만들기

1. 끓는 물에 굵은소금을 넣고 각각의 생강나무잎, 산뽕잎,
칡잎을 데쳐 찬물에 헹구어 물기를 빼둔다.

2. 분량의 쌈장을 고루 섞어둔다.

3. 한 공기 분량의 현미밥을 먹기 좋은 크기로 뭉쳐
생강나무잎에 감싸 쌈장을 올린다.

4. 한 공기 분량의 현미밥을 먹기 좋은 크기로 뭉쳐 산뽕잎에 감싸 쌈장을 올린다.

5. 한 공기 분량의 현미밥을 먹기 좋은 크기로 뭉쳐 칡잎에 감싸
쌈장을 올려 3, 4와 함께 담아낸다.

생강나무잎 쌈밥

산뽕잎 쌈밥

칡잎 쌈밥

매실 장아찌 쌈밥 도시락

❋

원족길 도시락은 쌈장에 견과류 넣어
영양을 챙기고, 체할까 자소매실 장아찌로
구성하여 단출하지만 찬 없이 먹는
야외 공양 자리를 배려합니다. 숟가락이 뻑뻑하게
들어가도록 되직하게 만드는 양념간장은
학승 시절 학장 스님 외출 가실 때
밥이나 면에 비벼 드시라고 구운 김과 함께
꼭 챙겨 드리던 사찰식 만능 간장이었습니다.

재료

현미밥, 견과류 쌈장, 양념간장, 자소매실 장아찌,
배추김치, 오이, 당근, 케일, 쌈추, 당귀,
적근대(쌈채소는 무엇이든 좋다) 적당량

만들기

견과류 쌈장 된장 · 참기름 2큰술씩, 고추장 1큰술, 매실 발효액 3큰술,
아몬드 슬라이스 · 잣 30g씩, 잘게 다진 청고추·청양고추 · 홍고추 1개씩
양념간장 집간장 · 들기름 2큰술씩, 매실 발효액 3큰술,
고춧가루 · 통깨 1큰술씩, 잘게 다진 청고추 · 홍고추 2개씩,
잘게 다진 청양고추 1개

엄나무 _ 내가 꼽는 최고의 봄나물은 엄나무입니다.
두릅을 참두릅이라 하고, 엄나무를 개두릅이라고들 하는데 어찌
엄나무를 개두릅이라 한단 말인가요. 아마도 엄나무를 좋아하는
사람들이 자기들만 먹으려고 개두릅이라 바꾸어 부른 건 아닐까
생각이 듭니다. 참두릅보다 맛과 향이 더 좋은 것이 엄나무입니다.
데친 물과 같이 냉동실에 얼려두었다가 겨울 귀한 손님 오셨을 때
녹여서 무치면 봄날의 그 맛 그 향 그대로입니다.

곰취 _ 질깃한 식감과 향이 좋은 곰취는 쌈으로 먹어도 좋고,
무침, 볶음은 물론 김치, 장아찌를 담가도 좋습니다. 감은사
주변의 것만으로는 한 해 사용할 양이 모자라 봄이 되면
가리왕산 농장의 것을 받는데, 하늘만 보이는 산자락에 사람
손길 없이 자란 이곳 곰취는 명품 중에 명품입니다.

명이 _ 강원도만큼 기온 차가 크지
않아 그런가요. 명이만큼은 절 주변에
애써 심어도 잘 자라지 않습니다.
작년 봄에도 가리왕산 농장에서
모종 200개를 받아 왔는데, 이듬해
봄 살펴보니 20~30개 정도만
살아남았습니다. 잎이 작고 짧은
왼쪽이 강원도 명이, 잎이 크고 넓은
오른쪽이 울릉도 명이입니다.
같은 명이라 해도 자라는 곳에
따라 이렇게 생김이 다릅니다. 명을
이어준다 해서 이름도 명이니, 그
이름처럼 눈 속을 뚫고 자라는 강한
봄나물입니다.

명이 장아찌 쌈밥

곰취 장아찌 쌈밥

명이·곰취·엄나무순 장아찌 쌈밥

장아찌는 김치와 더불어 사찰 저장식의 중심입니다. 몇 년씩 묵은 장과 발효액으로 만드는
겹발효 음식이다 보니, 보기에는 간단해도 오랜 시간 정성이 필요합니다.
대신 한 번 만들어두면 몇 년을 두고 먹을 수 있고, 채소의 정수가 녹아 있는 맛간장까지 얻을 수 있지요.
그중 특별히 향이 좋은 엄나무, 명이, 곰취 장아찌는 살짝 헹궈 쌈밥으로 내면
매일 먹는 밥, 한 끼 별미로 좋습니다.

엄나무순 장아찌 쌈밥

재료
현미밥 3공기, 명이 · 곰취 · 엄나무순 장아찌 각 10장씩, 참기름 3큰술

만들기
1. 명이 장아찌는 찬물에 헹구어 물기를 꼭 짜고 잎과 대를 분리한 뒤 대는 길이 0.5cm로 썰어둔다.
2. 볼에 밥 한공기를 담고 참기름 1큰술, 명이 잘게 썬 것을 섞어 밥을 한 입 크기로 뭉친다.
3. 명이잎을 펴놓고 뭉친 밥을 올린 다음 보자기로 여미듯 밥을 싼다.
*나머지 장아찌도 같은 방법으로 쌈밥을 만든다.

3년을 두고 먹어도
변하지 않는
명품 장아찌 만들기

재료
엄나무순 500g, 양념장(채소물 1컵, 집간장 ½컵, 조청·매실액 5큰술씩)
*모든 채소의 간장 장아찌 만드는 방법은 아래와 같되 가감이 필요하다.

만들기
1. 엄나무순은 깨끗이 씻어서 체에 밭쳐 물기를 뺀다.

2. 냄비에 채소물, 집간장, 조청을 넣고 한소끔 끓여 한 김 식힌다
   (한 김 식힌 후 넣어야 채소가 아삭아삭해진다).

3. 채소를 저장 용기에 켜켜이 담고 뜨거운 양념장을 부어 채소가 잠길 수 있도록 누름돌로
   눌러둔다(누름돌은 끓는 물에 소독해 물기 없이 마른 걸 사용한다).

4. 4~5일 후 양념장만 따라내어 냄비에 넣고 다시 한소끔 끓여서 식힌 후 통에 붓고
   그 위에 매실액을 넣어 누름돌로 누른 후 냉장 보관한다.

* 삼투압에 의해 싱거워질 수 있으니 채소에 밴 간장물까지 꼭 짜서 끓이는 것이 좋다.
* 줄기가 있는 채소는 저장 용기에 담을 때 방향을 엇갈리게 하여 켜켜이 담아야 채소가 온전히 간장에 푹 담긴다.

엄나무순 장아찌

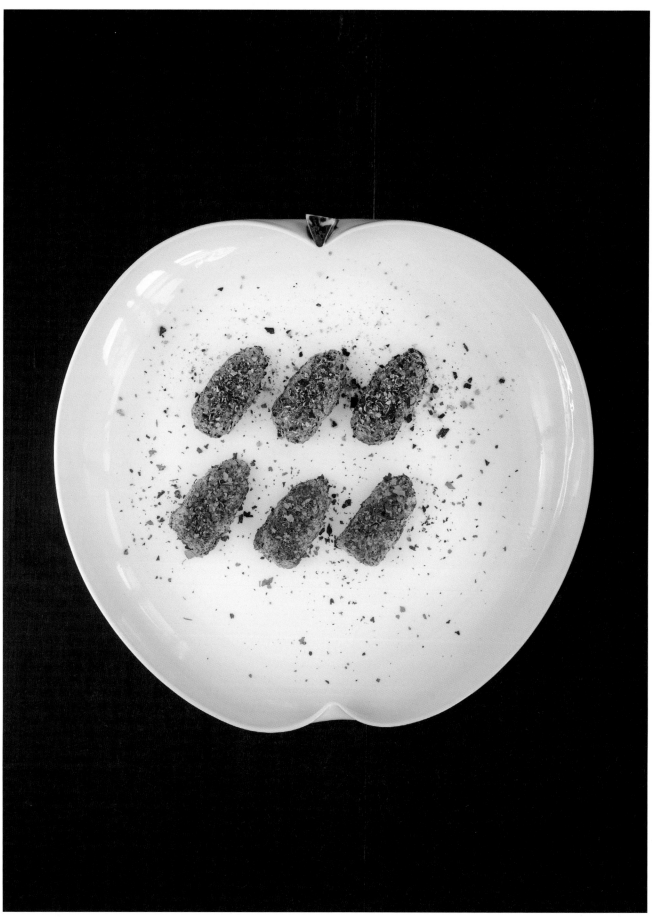

미역튀각·제피잎 가루밥

※

초밥이나 김밥은 오래 두면 마르지만,
튀각과 제피를 가루 내어 만든 주먹밥은
오래 두어도 마르지 않아 소풍이나 잔칫날 한 입 음식으로 좋습니다.
미역 튀각과 제피잎만으로도
맛이 별미라, 찬 없이 밥 하나로 한 끼 공양이 됩니다.

재료
현미밥 2공기, 미역튀각 30g, 마른 제피잎 5g, 들기름 1큰술, 집간장 1작은술

만들기
1. 손절구에 미역튀각과 제피잎을 넣고 각각 빻아둔다.

2. 한 공기 분량의 현미밥을 길이 5cm, 폭 2cm 정도로 움켜쥐어 주먹밥을 만든 후 미역튀각
가루를 고루 묻힌다.

3. 한 공기 분량의 현미밥에 집간장과 들기름을 넣고 섞은 후 길이 5cm, 폭 2cm 정도로
움켜쥐어 주먹밥을 만들어 제피잎 가루를 고루 묻혀 2와 함께 담아낸다.

산초열매 장아찌 주먹밥

❋

산초열매 장아찌 주먹밥은
스페인 마드리드퓨전에서 사찰음식 시연 후
시식으로 내었다 금세 동났던 메뉴입니다.
유럽 사람들이 산초열매와 장아찌의 깊은 맛을
어찌 알까 했는데, 괜한 염려였던 것이지요.
입에서 톡톡 터지는 씹는 맛이 일미인 데다 향이 뛰어나
많은 사람들이 좋아해주니, 가을 감은사 뒷산은
매년 제철 산초열매 따기 울력에 바쁘게 지나갑니다.

재료

현미밥 2공기, 산초열매 장아찌 40g(장아찌 만들기는 62페이지 참조),
들기름 · 고추장 1작은술씩

만들기

1. 산초열매 장아찌는 가지에서 열매만 알알이 따둔다.
2. 현미밥에 들기름과 고추장을 넣고 버무린 뒤 산초열매 알맹이를 넣고 고루 섞는다.
3. 산초열매밥을 한 입 크기로 뭉쳐 그릇에 담아낸다.

생들깨 우엉밥

✳

타닥타닥, 아작아작.
들깨와 우엉의 식감이 어찌나 경쾌한지.
이 식감이 즐거워 가을이 되면 깨가 들어찬
들깨 송이를 탈탈 털어 채 썬 우엉과 밥을 합니다.
우엉은 섬유질이 풍부해 배변 활동을 돕기에
변비로 고생하는 이들에게는 최고의 밥입니다.

재료

백미 2컵, 생들깨 ½컵, 우엉 200g, 물 1⅓컵

만들기

1. 백미는 깨끗이 씻어 1시간 정도 충분히 불린다.
2. 우엉은 껍질을 벗기고 길이 5cm 정도로 곱게 채 썬다.
3. 생들깨는 거름망에 담아 흐르는 물에 씻어 물기를 뺀다.
4. 전기밥솥에 백미와 물, 생들깨를 넣어 섞고 채 썬 우엉을 올려
잡곡 메뉴를 눌러 밥을 한다.
5. 밥이 다 되면 고루 섞어 그릇에 담아낸다.

스님들의 별식 저녁 공양, 승소 면

사찰에서는 국수를 승소僧笑라 합니다.

절집 별미 중 하나로 스님을 웃게 할 정도로

맛있다는 뜻입니다.

스님들이 국수를 얼마나 좋아했으면

국수가 적어지면 웃음도 적어진다 했을까요.

채식만 하는 사찰에서 글루텐이 들어간

국수는 부족한 단백질을 보충해주는

영양식이기도 합니다.

소화가 잘 안 된다는 단점이 있는데,

밀가루에 자연의 약성을 더하면

소화는 물론 맛도 건강해질 수 있습니다.

직접 만든 반죽은 치댈수록 쫄깃해지고,

바로 사용하는 것보다 비닐에 싸서

냉장고나 서늘한 곳에 3~4시간 숙성시키면

면의 맛이 차져집니다.

산나물 비빔국수

맛도 향도 깊은 엄나무와 오가피 순, 산취나물로 만든
비빔국수입니다. 면보다 나물의 양을 많이 넣었습니다.
국수를 좋아하는데 소화가 어려울 경우, 면보다 나물을
많이 넣으면 나물의 약성이 소화를 돕습니다.

재료

소면 140g, 엄나무순 · 오가피순 · 산취나물 120g씩,
굵은소금 약간
양념장 고추장 2큰술, 매실 발효액 3큰술,
들기름 · 참깨 가루 1큰술씩, 고운 고춧가루 1작은술

만들기

1. 엄나무순, 오가피순, 산취나물은 다듬은 뒤 끓는 물에
   굵은소금을 넣고 각각 데친 후 찬물에 헹구어 물기를
   꼭 짜둔다.
2. 끓는 물에 굵은소금을 넣고 소면을 2~3분 정도 삶아
   찬물이나 얼음물에 비비듯이 헹구어 녹말을 씻어낸 후 물기를
   뺀다.
3. 삶은 국수에 양념장을 넣고 부드럽게 버무린 뒤 산나물을
   넣고 다시 버무려 그릇에 담아낸다.

참가죽 물국수

✳

절집 봄나물에 참가죽이 빠질 수 있을까요.
어린순으로 전이며 부각, 김치, 장아찌를 담그는데
제 순이 지나 억세진 가죽 순(세 번째로 딴 세 벌 순)은
잘 말려두었다 국물 내는 데 사용합니다.
그 참맛을 본 이들은 하나같이 진한 육수보다
참가죽 채소물의 담백하면서 오묘한 매력에 빠집니다.

재료

소면 140g, 말린 참가죽 40g, 익은 배추김치 100g, 애호박 ½개,
마른 표고 6개, 물 8컵, 집간장 ½작은술, 들기름 1큰술 , 굵은소금 · 고운 소금 약간씩
양념장 집간장 · 들기름 · 통깨 1큰술씩, 다진 청고추 · 홍고추 1개씩

만들기

1. 말린 참가죽은 흐르는 물에 씻어 약한 불에서
물 8컵을 넣고 1시간 이상 끓여 국물을 우려낸다.

2. 배추김치는 소를 털어내고 물기를 꼭 짠 다음 송송 썬다.

3. 마른 표고는 물에 불려 밑동을 제거해 얇게 채 썰고, 애호박도 곱게 채 썬다.

4. 애호박에 고운 소금과 들기름 ½큰술을 넣고 센 불에서 빠르게 볶고,
표고버섯도 집간장과 남은 들기름을 넣고 버무려 센 불에서 빠르게 볶아낸다.

5. 끓는 물에 굵은소금과 소면을 넣어 저은 다음 다시 끓어오르면 소면을 건져
찬물에 충분히 헹구어 물기를 빼둔다.

6. 그릇에 국수를 나누어 담고 1의 국물을 부은 다음 김치, 표고, 애호박을
골고루 얹어 양념장을 곁들여 낸다.

명월초 된장 수제비

※

명월초는 피를 맑게 하고, 콜레스테롤 수치를 낮춰주는 등
그 약성으로 슈퍼푸드라 불립니다.
가루 내어 밀가루 반죽에 섞어주면 색도 곱지만
밀가루 냄새를 잡아주고 식감도 쫄깃해지지요.

재료

우리 밀가루 2컵, 명월초 가루 5g, 감자 · 단호박 100g씩, 홍고추 ½개,
된장 1큰술, 고추장 1작은술, 채소물 8컵, 물 약간

만들기

1. 우리 밀가루에 명월초 가루와 물을 넣고 수제비 반죽을 하여 충분히 치댄다.

2. 감자는 껍질을 벗기고 반달 모양으로 썰고
단호박도 같은 모양으로 썰고 홍고추는 어슷하게 썬다.

3. 냄비에 채소물을 넣고 끓으면 된장을 풀어 넣고 수제비 반죽을 조금씩 떼어 넣는다.

4. 끓으면 단호박, 감자 순으로 넣고 한소끔 끓으면 고추장을 풀어 넣고
홍고추를 넣어 그릇에 담아낸다.

딸기 비빔국수

✳

국수 면에 딸기 양념장이 입혀져
쉽게 불지 않으니 잔치 음식으로 활용하기 좋은 메뉴입니다.
한 입 크기로 돌돌 감아 접시에 올리거나,
한 번 먹을 분량으로 컵에 담아 손님에게 냅니다.
맵지 않은 비빔국수라 아이들이 먹기에도 좋습니다.

재료

소면 140g, 새싹 채소 100g, 딸기 2개, 굵은소금 약간
양념장 딸기 300g, 매실 발효액 · 들기름 2큰술씩,
집간장 · 유기농 설탕 · 참깨 가루 1큰술씩, 고운 소금 ½작은술

만들기

1. 새싹 채소는 깨끗이 씻어서 물기를 빼고 고명으로 사용할 딸기 2개는 반으로 잘라둔다.

2. 양념장에 사용할 딸기는 꼭지를 떼어 믹서에 갈고 나머지 재료와 잘 섞는다.

3. 끓는 물에 굵은소금을 넣고 소면을 2~3분간 삶아 찬물이나 얼음물에 비비듯이 헹구어
녹말을 씻어낸 후 물기를 뺀다.

4. 물기를 뺀 국수에 양념장을 넣고 부드럽게 무친 뒤 새싹 채소를 넣고 버무려
잘라둔 딸기로 장식하여 그릇에 담아낸다.

연삼 칼국수

✳

밀가루에 연삼 가루를 섞으면 건강에도 좋을 뿐 아니라
면의 밀가루 맛이 사라지고 맛이 한 단계 배가됩니다.
시중에서는 살 수 없는 건강한 맛이지요. 식감도 쫀득쫀득 차져지니,
연삼 칼국수의 박력 있는 매력을 어찌 다 글로 표현할까요.

재료
우리 밀가루 2컵, 연삼 가루 5g, 마른 느타리버섯 10g, 애호박 100g, 시금치 50g,
청양고추 1개, 집간장 2큰술, 채소물 8컵, 물 약간

만들기
1. 우리 밀가루에 연삼 가루와 물을 넣고 되직하게 반죽한 뒤 손으로 충분히 치댄다.
2. 반죽에 여분의 우리 밀가루를 뿌려가며 0.5cm 두께로 민다.
반죽을 3겹으로 접고 0.3cm 두께로 썰어 칼국수를 만든다.
3. 마른 느타리는 물에 불려 손으로 찢고, 애호박은 채 썰고,
청양고추는 꼭지와 씨를 제거하여 잘게 다진다.
4. 끓는 물에 면을 삶아 찬물에 헹구어둔다. 냄비에 채소물을 넣고 끓으면
애호박, 느타리버섯, 초벌로 삶아둔 면과 집간장을 넣는다.
5. 면이 끓으면 시금치를 넣고 한소끔 끓인 뒤 다진 청양고추를 넣고 그릇에 담아낸다.

당귀 들깨 수제비

❋

당귀 들깨 수제비는 수제비의 면 맛이 달착지근하고
여자들에게 특히 이롭습니다.
당귀의 약성이 글루텐을 중화시켜 소화를 돕고,
맛과 향까지 잡아주어 수제비의 맛을
한결 품위 있게 만듭니다.

재료

우리 밀가루 2컵, 당귀가루 5g, 불린 표고버섯 2개, 감자 · 애호박 100g씩,
홍고추 ½개, 집간장 2큰술, 들깨 가루 3큰술, 채소물 8컵, 물 약간

만들기

1. 우리 밀가루에 당귀 가루와 물을 넣고 충분히 치대어 수제비 반죽을 만든다.

2. 표고버섯은 밑동을 제거하여 채 썰고, 감자는 껍질을 벗겨 애호박과 함께
반달 모양으로 썬다. 홍고추는 반을 갈라 어슷하게 썬다.

3. 냄비에 채소물과 집간장을 넣고 끓으면 수제비 반죽을 조금씩 떼어 넣는다.

4. 끓으면 감자, 애호박, 표고버섯 순으로 넣고 한소끔 끓인 후,
홍고추와 들깨 가루를 넣고 그릇에 담아낸다.

토마토 비빔면

불교 TV BTN 뉴스에서 휴가를 가지 못하는 이들을 위해 '위로의 음식'을
만들어 달라 부탁 받고 궁리해서 만들게 된 음식입니다. 제철 토마토를 갈고
면만 삶아내면 되는 간단 레시피지만, 영양은 고루 들어 있습니다. 상큼한 토마토
양념장에 발효장의 담백한 깊은 맛이 더해져 별미가 따로 없답니다.

재료

소면 140g, 새싹 채소 100g, 토마토 30g, 굵은소금 약간 **양념장** 토마토 400g,
매실 발효액 · 참기름 2큰술씩, 집간장 · 유기농 설탕 · 참깨 가루 1큰술씩, 고운 소금 ½작은술

만들기

1. 새싹 채소는 깨끗이 씻어서 물기를 빼고 장식용 토마토는 모양대로 가늘게 잘라둔다.
2. 양념장에 사용할 토마토는 윗면을 십자로 칼집을 내어 끓는 물에 살짝 데쳐 껍질을
   벗기고 꼭지는 떼어 4등분해 믹서에 갈고 나머지 재료와 잘 섞는다.
3. 끓는 물에 굵은소금을 넣고 소면을 2~3분간 삶아 찬물이나 얼음물에 비비듯이 헹구어
   녹말을 씻어낸 후 물기를 뺀다.
4. 물기를 뺀 국수에 양념장을 넣고 부드럽게 무친 뒤 새싹 채소를 넣고 버무려 잘라둔
   토마토로 장식하여 그릇에 담아낸다.

3

※

우관의 계절 음식

자연과 사람이 상생하는

나에게 제철 식재료란 토종 씨앗 그대로 생명력을 품고 있는
자연의 재료를 말합니다. 아침이 되면 태양이 떠오르듯,
때가 되면 발아하여 그 계절의 해와 바람, 눈, 비를 맞고
절로 자라는 것입니다. 하우스 안에서 화학비료 먹고
자란 것도 제철이라 한다지만, 내가 말하는 제철 식재료는
온전히 자연이 키워주는 것을 말합니다.

그래서 해마다 그 맛이 다르지요.
그 해 날씨가 갑자기 더워지기라도 하면 순이 총알처럼 나왔다가
쑥 자라버려 웃자란 순을 먹어야 합니다.
이때는 생으로 먹는 건 건너뛰고 데치거나 삶아서 먹습니다.
웃자란 것은 섬유의 조직이 성글어 맛도 향도 덜합니다.
천천히 자라야 맛이 영글고 향이 진합니다.

이처럼 자연이 주는 식재료는 그 계절이 왔다고 하여
그때의 그 맛을 먹을 수 있는 게 아닙니다. 그러니 어찌 맛만을
좋을까요. 순을 따는 것은 잎을 솎아주는 역할을 하여
열매가 충실해지는 걸 돕습니다. 그 식물의 생명성 또한
증장시키는 일이니, 절집의 계절 음식은
자연과 사람이 함께 사는 상생의 음식인 것입니다.

홑잎무침

홑잎은 섬유질 자체가 묵직하여 데치거나 삶아도 양이 많이 줄지 않습니다.
그 맛도 묵직하여 먹으면 배 속까지 초록으로 물들 기세입니다. 그 에너지로
겨우내 잃었던 근력을 채우기 위해 무침, 밥, 버무리로 먹습니다.

재료

홑잎 500g, 굵은소금 약간
나물 양념 집간장 1작은술, 고운 소금 1/3작은술,
매실 발효액 · 들기름 · 참깨 가루 1큰술씩

만들기

1. 홑잎은 깨끗이 씻어 끓는 물에 굵은소금과 함께 넣고
   바로 뒤적여 꺼내 찬물에 헹군 뒤 물기를 꼭 짠다.
2. 홑잎에 나물 양념을 넣고 골고루 무쳐 그릇에 담아낸다.

수영 _ 주변에서 흔하게 만나는 여러해살이 풀로, 먹는 방법을 몰라서
지나치는 봄나물입니다. 잎의 생김새가 시금치와 비슷하다 하여
시금초, 신검초 등으로 부르기도 합니다. 또한 수영은 소루쟁이와
비슷하여 헷갈리기도 하지만 잎에는 비타민 C가 많이 함유되어 있어
국을 끓이면 시큼하여 그 맛이 독특합니다. 맛이 시어 음식에 신맛을 낼
때 오렌지나 레몬처럼 쓰기도 하지요.

수영 된장국

수영은 이른 봄 여린 순을 뜯어 된장국을 끓이면
시큼하면서 담백한 그 맛이 별미입니다.

재료
수영 600g, 된장 1큰술, 고추장 1작은술, 채소물 6컵

만들기
1. 수영은 깨끗하게 씻어서 물기를 빼둔다(부드러운 새순이라 자르지 않아도 된다).
2. 냄비에 채소물을 붓고 끓이다 된장을 넣고 한소끔 끓인 뒤
수영을 넣고 5분 정도 더 끓인다.
3. 고추장을 넣고 한소끔 더 끓인 뒤 그릇에 담아낸다.

생강나무꽃부각

생강나무꽃과 진달래꽃을 가지째 찹쌀풀 발라 말린 후 부각을
만들면 맛과 향이 진해져 별미입니다. 전시 준비로 만들었던
음식인데 막대 사탕처럼 들고 가지에서 꽃만 발라 먹는 게
재밌다고 사람들이 좋아합니다. 봄꽃으로 부각을 만들면 봄의
정취를 오랫동안 즐길 수 있습니다.

재료

생강나무꽃 100g, 찹쌀가루 ½컵, 물 1컵,
고운 소금 ½작은술, 포도씨유 3컵

만들기

1. 찹쌀가루, 고운 소금과 물을 섞어 냄비에 넣고 풀을 끓인다.

2. 찹쌀풀을 생강나무꽃에 발라 채반에 넣어 꽃이 눌리지 않도록
   뒤집어 가며 2~3일 정도 바싹 말린다. 비닐에 밀봉해 그늘진 곳에
   보관해두고 먹을 때마다 튀겨서 먹는다.

3. 말린 생강나무꽃은 달군 포도씨유에 넣자마자 꺼내어 기름기를 뺀
   뒤 그릇에 담아낸다.

머위꽃부각

재료
머위꽃 100g, 찹쌀가루 ½컵, 물 1컵, 고운 소금 ½작은술, 포도씨유 3컵

만들기
1. 찹쌀가루, 고운 소금과 물을 섞어 냄비에 넣고 풀을 끓인다.

2. 찹쌀풀을 머위꽃에 발라 채반에 넣어 꽃이 눌리지 않도록 뒤집어 가며 2~3일 정도 바싹 말린다. 비닐에 밀봉해 그늘진 곳에 보관해두고 먹을 때마다 튀겨서 먹는다.

3. 말린 머위꽃은 달군 포도씨유에 넣자마자 꺼내어 기름기를 뺀 뒤 그릇에 담아낸다.

진달래꽃부각

재료

진달래꽃 100g, 찹쌀가루 ½컵, 물 1컵, 고운 소금 ½작은술, 포도씨유 3컵

만들기

1. 찹쌀가루, 고운 소금과 물을 섞어 냄비에 넣고 풀을 끓인다.

2. 찹쌀풀을 진달래꽃에 발라 채반에 널어 꽃이 눌리지 않도록 뒤집어 가며 2~3일 정도 바싹 말린다.
비닐에 밀봉해 그늘진 곳에 보관해두고 먹을 때마다 튀겨서 먹는다.

3. 말린 진달래꽃은 달군 포도씨유에 넣자마자 꺼내어 기름기를 뺀 뒤 그릇에 담아낸다.

지장가리 된장국

＊

이름이 재밌습니다. 지장가리. 절집 식재료로 딱 맞지 않나요.
지장가리도 명이나물처럼 꽃대가 올라옵니다.
연하고 부드러워 이 꽃대까지 함께 요리를 하면
음식에 꽃수 놓은 듯 어여쁘지요. 익히면 색은 더 퍼래지고
질감은 미역처럼 부들부들해지는데,
나물의 들큰한 맛이 된장과 잘 어울립니다.

재료
지장가리 500g, 된장 1큰술, 고추장 1작은술, 채소물 6컵

만들기
1. 지장가리는 깨끗하게 씻어서 물기를 빼둔다(부드러운 새순이라 자르지 않아도 된다).
2. 냄비에 채소물을 붓고 끓이다 된장을 넣고 한소끔 끓인 뒤
지장가리를 넣고 10분 정도 더 끓인다.
3. 고추장을 넣고 한소끔 더 끓인 뒤 그릇에 담아낸다.

지장가리 _ 원래 이름은 풀솜대입니다. 이른 봄에 나는 빠른 산나물 중
하나로 무리 지어 나는지라 앉은 자리에서 금세 한 움큼을 뜯습니다. 맛은
묵직하여 먹으면 든든하지요. 덕분에 곡식 귀하던 시절 허기를 채우던
고마운 구황작물로 소임을 했다 하여 중생을 구제하기 위해 서원을 세운
지장보살의 이름을 붙여 지장가리라 부릅니다. 부드럽고 달착지근하여 별
양념 없이 심심하게 간만 맞춰 국이나 무침으로 먹습니다.

지장가리무침

재료
지장가리 500g, 통깨 1큰술, 굵은소금 약간
나물 양념 집간장 · 매실 발효액 1작은술씩, 들기름 · 참깨 가루 1큰술씩, 고운 소금 약간

만들기
1. 지장가리는 깨끗이 씻어 먹기 좋은 길이로 잘라둔다.
2. 끓는 물에 굵은소금을 넣고 지장가리를 넣어 뒤적거린 뒤 꺼내 찬물에 헹궈 물기를 꼭 짠다.
3. 지장가리에 나물 양념을 넣고 골고루 무쳐 통깨를 부수어 넣고 그릇에 담아낸다.

돌나물 물김치

✳

감은사 올라오는 산길에는 돌나물이 지천입니다.
외출했다 들어오는 길, 돌멩이 줍듯 돌나물을 뜯으면서 올라와
그 길로 물김치를 담급니다. 오래 두고 먹는 김치가 아니니
오며 가며 담그는 것입니다. 노란 꽃이 피면 보기는 예쁜데 먹기는 늦었습니다.
워낙 수분을 많이 함유하고 있어 입에는 부드럽지만,
풋내가 많이 나 먹지 못합니다.

재료

돌나물 300g, 미나리 50g, 홍고추 2개, 물 4컵, 생강즙 1큰술, 집간장 2큰술,
고춧가루 3큰술, 고운 소금 약간

만들기

1. 돌나물과 미나리는 다듬어 깨끗이 씻어둔다.

2. 미나리는 3cm 길이로 자르고 홍고추는 어슷하게 썰어둔다.

3. 물 1컵에 고춧가루를 풀어 고운체에 거른 뒤 물 3컵, 생강즙과 집간장을 넣고 섞는다.

4. 돌나물, 미나리, 홍고추를 섞어 통에 담고 3의 국물을 부어
고운 소금으로 간을 맞추어 실온에서 반나절 익혀 냉장 보관한다.

오가피순 전병말이

❋

산삼, 인삼처럼 잎이 다섯 개라 이름이 오가피입니다.
이렇게 생긴 약초들은 향만큼이나 약성이 강합니다.
쓴맛이 강해 4월 딱 요맘때만 맨입으로 먹는데,
화려한 오가피의 쓴맛을 편하게 먹는 방법 중 하나가 부침입니다.
부침을 돌돌 말아 내면 차림 요리가 되지요.

재료

오가피순 100g, 당근 30g, 우리 밀가루 ½컵, 찹쌀가루 1큰술,
고운 소금 ½작은술, 물 적당량, 포도씨유 2큰술
초간장 집간장·발효 매실액 1큰술씩, 감식초 2큰술, 통깨 1작은술

만들기

1. 오가피순은 깨끗하게 씻어 곱게 채 썰고 당근도 곱게
채 썰어 각각 소금에 절여둔다.

2. 오가피순과 당근에 물이 생기면
우리 밀가루, 찹쌀가루와 물을 넣어 섞고 반죽한다.

3. 달군 팬에 포도씨유를 두르고 반죽을 올려 얇게 전병을 부친다.

4. 전병이 한 김 식으면 김밥 말듯이 동글게 말아서
한 입 크기로 썰어 초간장을 곁들여 낸다.

더덕순 · 망개순 · 도라지순 유자청버무리

※

5월 단오 전에 나오는 나물은 생으로 먹어도 독이 없습니다.
이때만큼은 난 자리에서 따 먹어도 모두 입에 달아 맨입으로도 먹습니다.
순마다 맛과 향이 다르니 조화롭게 섞어서 버무리면
그 계절 필요한 영양을 고루 먹을 수 있지요.
더덕순 · 망개순 · 도라지순 유자청버무리는 더덕순의 향과 망개순의 단맛,
도라지순의 쌉싸래한 맛이 어우러져 일품요리로 손색없습니다.

재료

망개순 · 더덕순 · 도라지순 100g씩
양념장 유자청 100g, 감식초 3큰술, 고운 소금 1작은술

만들기

1. 망개순, 더덕순, 도라지순은 깨끗하게 씻어 손으로 5~6cm 길이로 잘라 물기를 빼둔다.
2. 양념장 재료를 고루 섞어둔다.
3. 그릇에 망개순, 더덕순, 도라지순으로 담고 양념장을 고루 뿌려 낸다.

망개순 _ 망개순은 자근자근 씹으면 온갖
미각을 자극하는데, 신기하게도 마지막
뒷맛이 사라지면서 입안이 개운해집니다.
그래서 산행길 입이 텁텁하다 싶으면
망개순부터 찾지요. 망개떡이 유명하여
여름 망개잎은 많이들 사용하는데,
순 맛있는 줄은 잘 모릅니다. 개운한 맛의
미감이 다른 순들과 잘 어울려 버무리나
생절이의 기본 채소로 활용하면 좋습니다.

더덕순 _ 더덕은 뿌리 식물로 인식해 순 먹을 생각은
미처 하지 못합니다. 그러나 더덕뿌리만큼 맛있는 것이
더덕순입니다. 더덕순을 자르면 자른 면에서 하얀 진액이
흘러나오는데 그 향긋한 향이 뿌리는 저리 가라입니다.
맛이 엄나무순이라면, 향은 더덕순이 으뜸이지요. 데치는
요리보다 생무침이나 장아찌가 좋습니다.

제피얼갈이김치

※

텃밭에 씨만 쭉 뿌려놓으면 그냥 자라는 것이 얼갈이배추입니다.
너무 촘촘하다 싶을 때 솎아주기만 하면 저 알아서 자랍니다. 한 달이면 자라니
4월 말 즈음에 파종하여 초여름에 수확하지요. 알맞게 자란 노지 얼갈이는 제피 넣어
김치를 담급니다. 톡 쏘는 알싸한 맛. 이 맛을 봐야 이제 여름이 왔구나 싶습니다.

재료

얼갈이배추 1kg, 고춧가루 ½컵, 생강 10g, 배 ½개, 집간장 · 매실 발효액 2큰술씩,
제피 가루 1작은술, 굵은소금 2컵

만들기

1. 얼갈이배추는 손질하여 깨끗이 씻은 뒤 동량의 소금물에 1시간 정도 절여
물에 한 번 더 헹군 뒤 물기를 빼둔다.

2. 배와 생강은 믹서에 갈아 고춧가루, 집간장, 매실 발효액을 넣고 버무린다.

3. 얼갈이에 양념을 넣고 잘 버무리고 마지막에 제피 가루를 넣고
살살 버무려 통에 담고 바로 먹어도 좋다.

아카시아꽃부각

※

코끝에 아카시아 향 걸리면
부각 만들 생각에 마음이 벌써 산에 가 있습니다.
차 소리 들리지 않는 깊은 산속에서 핀 아카시아꽃 따다가
부각을 만들어 비닐에 밀봉하여 금 간 항아리에 담아두었다
일 년 내내 먹습니다. 부각으로도 향이 살아 있고
모양이 어여뻐 공양상에서 늘 대접받는 메뉴입니다.

재료
아카시아 꽃송이 20개, 찹쌀가루 ½컵, 물 1컵, 고운 소금 ½작은술, 포도씨유 3컵

만들기
1. 찹쌀가루, 고운 소금과 물을 섞어 냄비에 넣고 풀을 끓인다.
2. 찹쌀풀을 아카시아 꽃송이에 발라 채반에 넣어 꽃이 눌리지 않도록 뒤집어 가며
2~3일 정도 바싹 말린다. 비닐에 밀봉해 그늘진 곳에 보관해두고
먹을 때마다 튀겨서 먹는다.
3. 말린 아카시아 꽃송이는 달군 포도씨유에 넣자마자 꺼내어
기름기를 뺀 뒤 그릇에 담아낸다.

산뽕잎 장아찌

✣

5월이 되면 감은사에도 산뽕나무가 한창입니다.
나뭇가지의 잎을 두 손으로 따다 보면 금세
한 자루가 되지요. 욕심내서 따버리면 생명이 끝나겠지만
솎아주듯 따주면 오디가 충실해지는 걸 도우니, 너도 좋고 나도 좋습니다.
쌈에 밥에 나물로 물리게 먹고 장아찌도 담급니다.
이때 파란 어린 오디도 함께 넣으면
아삭아삭 씹히는 식감이 좋습니다.

재료
산뽕잎 400g **양념장** 집간장 ½컵, 물 1컵, 조청 · 매실 발효액 5큰술씩

만들기
1. 산뽕잎은 깨끗이 씻은 후 체에 밭쳐 물기를 뺀다.

2. 매실 발효액을 남기고 냄비에 양념장 재료를 넣고 끓인다.

3. 산뽕잎을 용기에 담고 한 김 나간 양념장을 붓고 산뽕잎이 잠길 수 있도록
무거운 돌로 누른다(돌은 소독하여 물기를 말려 미리 준비해둔다).

4. 3~4일 후에 산뽕잎을 건져내어 꼭 짜고 남은 간장을 끓여 식혀 붓는다.

5. 다시 끓여 붓기를 한 번 더한 뒤 매실 발효액을 맨 위에 부어 넣고 냉장 보관한다.
100일은 지나야 맛이 좋다.

장록나물볶음

✳

작년에는 보지 못했는데, 씨 하나가 번졌는지,
올해는 절 주변이 온통 장록나물투성이입니다. 장록나물은 독성이 강해
조심해서 먹어야 합니다. 씹히는 질감이 좋아 주로 장아찌를 담그는데,
발효 기간이 최소 2년은 되어야 독성이 가라앉습니다. 나물로 먹을 때도
삶아서 말렸다가 다시 불려서 삶아 볶아야 합니다. 독성을 제거하는 법제이지요.
독성이 강한 걸 굳이 먹는 이유는 그 독성이 약이 되기 때문이지요.
위험한 만큼 맛도 있습니다. 벌이 무서워도 꿀을 채취하는 것과 같은 이치입니다.
어린 잎일수록 독성이 약하니 순일 때 먹는 것이 좋습니다.

재료
장록나물 500g, 집간장 2큰술, 들기름 · 통깨 1큰술씩, 채소물 · 굵은소금 약간씩

만들기
1. 장록은 어린순으로 따서 끓는 물에 굵은소금을 넣고 살짝 데쳐 바짝 말려둔다.
2. 말린 장록순을 물에 1시간 정도 불린 후 삶아 찬물에 헹구어 물기를 꼭 짜둔다.
3. 장록순에 집간장, 들기름과 채소물을 넣고 양념이 배도록 무쳐 중약불에서 충분히 볶는다.
4. 볶은 장록나물에 통깨를 부수어 넣고 그릇에 담아낸다.

가지열무김치

※

4월 중순에 열무의 씨를 뿌리고
5월에 가지 모종을 심어 여름 김치인 가지 열무김치를 담급니다.
부드러운 여름 가지와 열무의 아삭아삭한 식감의 조화가 백미지요.
삼삼하게 담그면 김치만 먹어도 밥 한 끼 먹은 듯 요기가 됩니다.

재료

열무 1kg, 가지 3개, 감자 ½개, 홍고추 3개, 물 1컵, 고춧가루 ½컵, 집간장 3큰술,
매실 발효액 2큰술, 생강 10g, 굵은소금 2컵, 고운 소금 약간

만들기

1. 열무는 줄기째 깨끗이 씻어서 천일염을 푼 동량의 소금물에 담가
1시간 정도 절여 물에 한 번 더 헹군 뒤 물기를 빼둔다.

2. 가지는 깨끗이 씻어서 꼭지를 떼고 반으로 자른 뒤 십자로 칼집을 넣어
간이 오른 찜통에 5분 정도 쪄서 식힌다.

3. 감자는 큼직하게 잘라 물 1컵에 약간의 고운 소금을 넣고 푹 삶아 식힌다.

4. 생강과 홍고추는 잘게 썰어 3과 함께 믹서에 넣고
곱게 갈아 고춧가루, 집간장과 매실 발효액을 넣고 버무린다.

5. 가지와 열무에 4의 김치 양념을 넣고 살살 버무린 다음 고운 소금으로 간하여
통에 담는다. 가지열무김치는 바로 먹어도 좋다.

방아 _ 자생식물이라 양지바른 곳이라면 어디든 잘 자랍니다. 한국의 토종
허브로 더위를 싹 가시게 만드는 청량한 향이 매력이지요. 보통의 향신채는
쌉싸래한 끝맛을 가지고 있지만, 방아잎은 쓴맛이 거의 없고 오히려 단맛이
나서 음식할 때 넣으면 설탕을 따로 넣지 않아도 달착지근한 맛이 돕니다.
그 맛과 향을 활용하여 생선 비린내나 육류 누린내 제거에 사용하기도
하는데, 절에서는 전이나 무침, 찌개, 부각 등을 만듭니다. 성질이 따뜻하여
한방에서는 소화불량, 복통, 감기 등의 약재로 사용합니다.

방아잎
된장 버무리

감은사 텃밭의 방아는 스스로 씨가 번져 여름이면 제 알아서
올라옵니다. 자생하니 농사랄 것도 없습니다. 방아 앞 지나는 길에는
한 잎 뜯어 손끝으로 살짝 비빈 다음 냄새부터 맡고 입에 넣는데,
그 향에 마음이 고요해집니다. 방아 첫 순은 다른 재료 없이 방아잎에
된장으로만 버무려 그 향부터 즐기지요.

재료
방아잎 200g **양념장** 된장 1작은술, 매실 발효액 · 들기름 · 참깨 가루 1큰술씩

만들기
1. 방아잎은 깨끗하게 씻어 물기를 빼둔다.
2. 분량의 양념장 재료를 고루 섞어둔다.
3. 그릇에 양념장을 넣고 방아잎을 넣어 부드럽게 버무려 그릇에 담아낸다.

어린 수박 장아찌

✳

어린 수박 장아찌는 흐르는 물도 버리지 않는 마음으로 만드는 음식입니다.
어느 해던가요. 수박을 크게 키우려고 솎아내어 버리는 걸 보고는
안타까운 마음에 얻어 와 만들기 시작했습니다. 맛이 든 장아찌 가져다주었더니
고맙게도 다음 해부터는 수박 솎을 때마다 소식을 전해 옵니다.

재료

어린 수박 1kg, 술지게미 500g, 굵은소금·유기농 설탕 1컵씩

만들기

1. 어린 수박은 반으로 갈라 속을 긁어내고 굵은소금을 뿌려 하룻밤을 재운다.
2. 재워둔 어린 수박을 물로 씻어 2일 정도 꾸덕꾸덕하게 말린다.
3. 술지게미에 설탕을 섞고 말린 어린 수박을 박은 뒤 술지게미로 잘 덮는다.
4. 먹을 때는 술지게미를 걷어내고 어린 수박만 꺼내 물에 헹군 뒤 얇게 썰어 그대로
먹거나 참기름과 참깨 가루에 무쳐 먹는다.

어린 수박 _ 채 자라지 못한 어린 수박. 참외만 한 크기입니다. 수박의 개체 수를 줄여 남은 수박을 상품성 있게 크게 키우려고 솎아내어 버리는 수박들이지요. 동네 양조장에서 술지게미 얻어 와 참외 장아찌 만드는 방법으로 어린 수박 장아찌를 만들었습니다.

고구마잎전

※

먹지 않고 버리는 것,
눈으로 쳐다보고 그냥 지나치는 것이 고구마잎입니다.
깻잎보다 씹는 식감이 더 쫄깃하고 아작아작한데,
이 좋은 식재료를 버리다니요.
이웃들이 솎아놓은 잎도 가져와
국도 끓이고 나물도 만듭니다.

재료

고구마순 500g, 우리 밀가루 1컵, 물 적당량, 고운 소금 약간, 포도씨유 3큰술
양념장 감식초 · 갈은 사과 2큰술씩, 고추장 · 통깨 1큰술씩, 유기농 설탕 · 생강즙 1작은술씩

만들기

1. 고구마순은 줄기를 떼고 잎만 깨끗이 씻어 물기를 빼둔다.

2. 우리 밀가루에 물과 고운 소금을 넣어 묽게 반죽한다.

3. 달군 팬에 포도씨유를 두르고 고구마잎을 2~3장씩 붙여 반죽옷을 입혀
앞뒤로 노릇하게 지져 양념장과 곁들여 낸다.

들깨송이부각

✳

부각은 말리는 과정이 중요합니다.
뒤적거리면서 말려야 모양이 살아 있어 튀겨놓았을 때 곱지요.
만들기는 쉬워도 손이 많이 가는 음식입니다.
들깨송이 자체도 고소한데 기름에 튀기면 고소함이 극대화되어
그 맛을 알게 되면 자꾸만 들깨송이 부각이 생각날 만큼
중독성이 강합니다.

재료
들깨송이 30개, 찹쌀가루 ½컵, 물 1컵, 고운 소금 ½작은술, 포도씨유 3컵

만들기
1. 찹쌀가루, 고운 소금과 물을 섞어 냄비에 넣고 풀을 끓인다.
2. 찹쌀풀을 들깨송이에 발라 채반에 널어 뒤집어 가며 2~3일 정도 바싹 말린다.
3. 말린 들깨송이는 달군 포도씨유에 넣자마자 꺼내어 기름기를 뺀 뒤 그릇에 담아낸다.

방아꽃송아리부각

가을 감은사는 바야흐로 방아꽃의 계절입니다.
텃밭 아닌 곳까지 씨가 퍼져 보랏빛 물결이 바람에 일렁입니다.
씨가 여물어갈수록 향이 진해져 이때는 코끝이 온통 방아 향입니다.
이 계절 딱 한 번 누릴 수 있는 호사가 방아꽃송아리 부각.
다음 해 또 씨를 퍼트려야 하니, 솎아주는 정도로만 따서 귀하게 먹습니다.

재료
방아꽃송아리 30개, 찹쌀가루 ½컵, 물 1컵, 고운 소금 ½작은술, 포도씨유 3컵

만들기
1. 찹쌀가루, 고운 소금과 물을 섞어 냄비에 넣고 풀을 끓인다.
2. 찹쌀풀을 방아꽃송아리에 발라 채반에 널어 뒤집어 가며 2~3일 정도 바싹 말린다.
3. 말린 방아꽃송아리는 달군 포도씨유에 넣자마자 꺼내어
기름기를 뺀 뒤 그릇에 담아낸다.

밤튀김 잣나무순향 대추무침

❋

튀김을 좋아하지 않아 재료 좋을 때 한 번 물리게 먹고
일 년을 나는 음식이 밤튀김입니다. 튀김옷에 계핏가루를 넣어
살짝 향을 입히고, 무침 양념에는
잣나무순 발효액을 넣어 향을 더하였습니다.
전체적으로는 그 맛과 향이 은은해 많은 양을
맛있게 먹을 수 있는 튀김입니다.

재료

깐 밤 250g, 마른 대추 50g, 우리 밀가루 5큰술, 전분 3큰술,
계핏가루 1작은술, 고운 소금 ½작은술, 물 ½컵, 포도씨유 3컵
양념장 잣나무순 발효액 3큰술(향이 좋은 다른 발효액을 사용해도 좋다),
꿀 2큰술, 다진 잣 1큰술, 집간장 1작은술

만들기

1. 마른 대추는 씨를 제거하고 0.3cm 정도의 굵기로 채 썰어둔다.
2. 물, 고운 소금, 우리 밀가루, 전분, 계핏가루를 섞어 반죽을 만든다.
3. 밤에 튀김옷을 입혀 160℃ 정도의 끓는 기름에 바삭하게 튀겨낸다.
4. 분량의 양념장에 바삭하게 튀긴 밤을 넣고 버무린 뒤
대추를 넣고 한 번 더 버무려 그릇에 담아낸다.

말린 마찜

❋

스님들의 근기를 채우기 위해 먹는 마는 밥에 넣어 먹고 구워서도 먹고
달아서 그냥도 먹습니다. 남은 마는 말려두었다가 겨우내 주전부리로 먹지요.
말린 걸 물에 불린 다음 쪄야 쫄깃한 식감을 즐길 수 있습니다.

재료
마 500g, 굵은소금 약간

만들기
1. 마는 씻어 껍질을 벗기고 모양대로 0.3cm 굵기로 자른다.
2. 끓는 물에 굵은소금을 넣고 마를 데친 후 찬물에 헹구어 미끄러움을 제거한 다음
햇빛에 바삭하게 말린다.
3. 말린 마는 물에 담가 충분히 불린 뒤 김이 오른 찜기에서 10분 이상 푹 찐다.
4. 찐 마를 바로 먹거나 식혀서 두고두고 먹는다.

말린 마 _ 제철이 오면 좋은 마를 한 박스 구입해
생으로, 찜으로 먹다가 남은 건 이렇게 말려두었다
겨우내 주전부리로 먹습니다.

동아말랭이조림

✳

동아는 그 계절 말려두면 사계절 먹을 수 있습니다.
찬 없을 때 꺼내다가 조려 먹기도 하고, 정과도 만들고 떡도 합니다.
동아는 수분이 많아 말릴 때는 소금에 살짝 절여 수분을 뺀 뒤 말리면 잘 마릅니다.
조림에 동아말랭이를 타래과처럼 꼬아 모양을 내어보았습니다.

재료
동아말랭이 100g, 들기름 2큰술, 통깨 1큰술
양념장 집간장 · 고추장 1큰술씩, 조청 3큰술, 채소물 1컵

만들기
1. 동아말랭이는 흐르는 물에 씻어 충분히 불린 다음 가운데에 일자 칼집을 낸 뒤
한쪽으로 잡아 뒤집어 타래과 모양을 만든다.

2. 팬에 들기름 1큰술을 두르고 동아말랭이를 기름이 배도록 볶는다.

3. 볶은 동아말랭이에 양념장을 넣고 약한 불에서 20분 정도 조려 불을 끈 후
남은 들기름과 통깨를 넣고 버무려 그릇에 담아낸다.

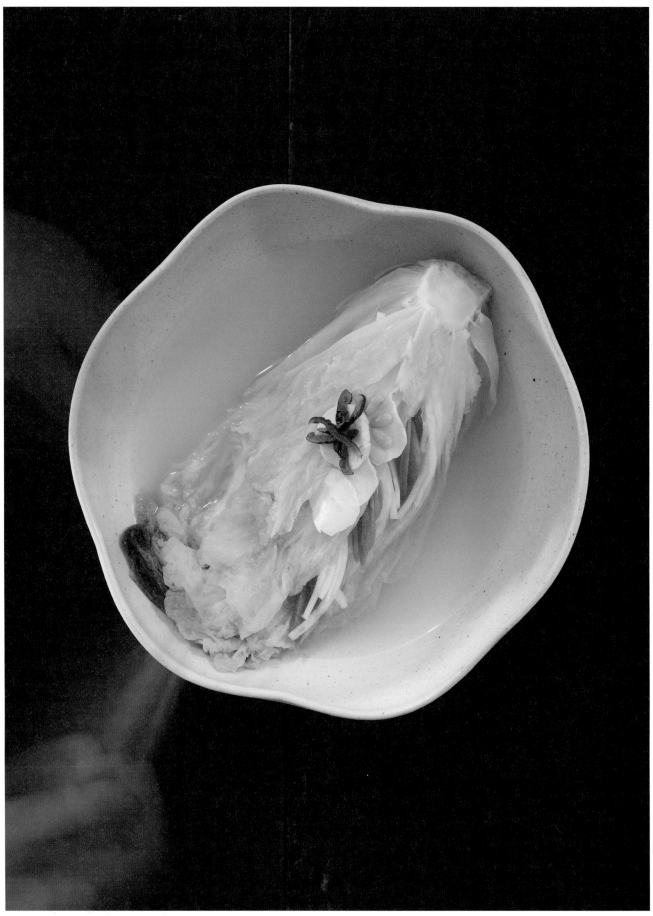

통배추 백김치

※

배추가 제일 맛있을 때는 늦가을, 초겨울입니다.
배추만으로도 맛이 달지요. 제맛으로 먹으려고 이때는 고춧가루 넣지 않고
백김치를 담급니다. 백김치는 오래 두고 먹는 김치가 아니니
3개월 정도 맛있게 먹을 분량만 담가야 합니다. 겨우내 삶은 고구마에
단짝처럼 곁들이니 백김치 없는 겨울은 팥소 없는 찐빵입니다.

재료

배추 1포기, 무 50g, 당근 20g, 잣 1큰술, 밤 2개, 대추 3개, 생강즙 1큰술,
배즙 1컵, 물 3컵, 고운 소금 약간, 굵은소금 2컵

만들기

1. 배추는 밑동에 칼집을 내서 반으로 가르고, 굵은소금 1컵을 물에 녹인다.
2. 손질한 배추를 소금물에 적신 후 줄기 부분에 굵은소금을 뿌려
8시간 정도 절여 물에 헹구고 물기를 뺀다.
3. 무, 당근은 채 썰고, 밤은 편으로 얇게 썰고, 대추는 돌려 깎아 씨를 제거한 다음 채 썬다.
4. 물, 생강즙과 배즙을 섞고 고운 소금으로 간을 맞춰 김칫국을 만든다.
5. 무, 당근, 잣, 밤, 대추를 고루 섞어 배추잎 사이사이에 넣은 뒤 겉잎으로 잘 감싼다.
6. 배추를 통에 담고 김칫국을 부은 뒤 실온에서 익혀 냉장 보관한다.

콩단백 유자향볶음

✳

내가 사용하는 콩단백은 견과류와 채소, 글루텐의 영양 균형과
먹을 때의 식감까지 연구하여 나만의 황금 레시피로 만든 것입니다.
시중에 파는 것은 화학 첨가물 범벅이라 어찌 음식에 쓸까요.
겨울 유자의 그윽한 향이 콩단백과 잘 어울립니다.

재료

콩단백 400g, 팽이버섯 160g, 홍 · 황 파프리카 60g씩, 집간장 2큰술,
조청 1큰술, 유자 발효액 3큰술, 유자 발효 건지 1큰술, 들기름 2큰술, 통깨 1큰술

만들기

1. 콩단백은 5cm 길이, 1cm 두께로 잘라두고 파프리카도 같은 크기로 잘라둔다.

2. 팽이버섯은 밑동을 잘라내고 흐르는 물에 씻어 가닥가닥 뜯어놓는다.

3. 팬에 들기름을 두르고 콩단백을 노릇하게 볶다가
집간장 1½큰술을 넣고 볶아 내놓는다.

4. 남은 집간장을 넣고 남은 열로 파프리카도 볶는다.

5. 3과 4를 섞어 조청을 넣고 뒤적이다 팽이버섯과 유자 건지와 발효액을 넣고
버무려 불을 끄고 통깨를 부수어 넣고 그릇에 담아낸다.

우관의 황금 레시피, 콩단백

오랫동안 공개하지 않은 나만의 콩단백 레시피를 처음 공개합니다.

재료

흰콩 1컵, 단호박· 애호박·당근 20g씩, 두부· 감자·고구마 40g씩,
아몬드 · 캐슈넛 · 땅콩 ·호박씨 ½컵씩, 글루텐 100g, 전분 10g,
고운 소금 ½큰술, 굵은소금 약간

만들기

1. 흰콩은 2시간 정도 불린 후, 껍질을 제거하고 콩의 1.5배의 물을 넣고
   삶아 식힌다.

2. 삶은 콩과 콩물을 믹서에 넣고 간 뒤 베 보자기에 담아 즙을 짜낸다.

3. 견과류에 2의 콩즙 ½과 고운 소금 ¼작은술을 넣고 믹서에 갈아준다.

4. 단호박, 애호박, 당근, 감자, 고구마도 잘게 잘라서 나머지 콩즙과
   고운 소금 ¼작은술을 넣고 믹서에 갈아준다.

5. 끓는 물에 굵은소금을 넣고 두부를 삶아 찬물에 헹구어 베보자기로 물을
   짜준다.

6. 2의 콩 건지와 3, 4, 5의 갈아놓은 것을 합쳐서 글루텐과 전분을 넣고
   반죽해서 덩어리를 만들어놓은 뒤 김이 오른 찜통에 10분 정도 찐다.

* 재료의 분량을 5~10배로 늘려 한꺼번에 많이 만들어 한 번 먹을 분량씩 담아 바로 냉동해 두었다가
  필요할 때마다 하나씩 꺼내 사용하면 편리하다.

4

※

맛에 맛을 더하다, 재료에 재료를 더하다

자연에 자연을 더하다

우리의 밥상을 찬찬히 떠올려보면 밥상에 올리는
채소의 종류가 그리 다양하지 않습니다.
이미 경험했던 것들을 올리거나, 눈에 보이는 것만을
올리기 때문이지요. 그러나 눈을 돌려 주위를 살펴보면 보다 다양한
식재료를 밥상에 올릴 수 있습니다. 식재료 하나를 갖고도 충분히
음식을 할 수 있고 본연의 맛이 나지만, 여기에 재료 하나를 더하면
그 둘의 조화로움에 맛과 영양이 훨씬 풍요로워집니다. 서로를 이롭게
하여 상생하기 때문입니다. 나에게 쓰고 남음이 있으면
너에게 주고, 너에게 쓰고도 남음이 있으면 나에게 주니,
이것은 너와 내가 둘이 아닌 하나이기 때문입니다.
식재료 또한 쓰고 남음을 조화롭게 주고받아 그 맛과 영양을
상생시킵니다. 그래서 나의 사찰음식은 자연에 자연을 더하고,
재료에 재료를 더하며, 맛에 맛을 더하여 만드는
조화로운 음식을 지향합니다. 조화로운 맛은 조화로운 밥상이 되고,
조화로운 세상으로 나아가는 주춧돌이 될 수 있습니다.

쑥감자채전

✳

감자는 곱게 채 썰면 생으로 먹을 수 있는 식재료입니다.
이때는 물에 담갔다가 감자의 미독을 빼서 먹어야 합니다.
이 채 썬 감자를 콩국에 말아 국수처럼 먹으면 별미지요. 감자에는
씹히는 식감만 있고 향이 없으니 쑥의 향기로움을 더해 전을 부쳐보았습니다.
쑥 대신 깻잎을 넣어도 좋습니다.

재료
쑥 100g, 감자 300g, 우리 밀가루 ½컵, 고운 소금 ½작은술, 포도씨유 2큰술
초간장 집간장 · 매실 발효액 1큰술씩, 감식초 2큰술, 통깨 1작은술

만들기
1. 쑥은 깨끗이 씻어서 잘게 썰고 감자는 껍질을 벗기고 반은
곱게 채 썰고 반은 강판에 갈아둔다.
2. 1에 우리 밀가루과 소금을 넣어 반죽한다.
3. 달군 팬에 포도씨유를 두르고 2의 반죽을 동그랗게 한 입 크기로 떠 넣어
노릇하게 지져 그릇에 담아 초간장을 곁들여 낸다.

미나리 생콩가루버무리찜

※

상큼한 미나리에 생콩의 단백질을 더해
맛과 영양을 채웠습니다. 미나리만 찌는 것보다
생콩가루를 버무려서 찌면 미나리의 맛이 훨씬 부드러워지지요.
생콩가루는 국이나 된장찌개, 찜 등에
다양하게 사용하고 있습니다.

재료
미나리 500g, 생콩가루 1컵, 들기름 · 집간장 1큰술씩, 통깨 1작은술

만들기
1. 미나리를 다듬어 씻어 5cm 길이로 줄기만 썰어놓는다.
2. 미나리에 생콩가루를 넣고 골고루 버무린다.
3. 찜기에 삼베를 깔고 김이 오르면 콩가루를 무친 미나리를 넣고
센 불에서 3분 정도 찐다.
4. 찜기에서 꺼내어 집간장과 들기름을 넣고
버무리다 통깨를 부수어 넣고 그릇에 담아낸다.

고수 참나물 참깨버무리

✳

고수도 향이 강하고 참나물도 향이 강한 나물입니다.
그래서 다른 양념이 필요 없지요. 간만 맞춰서 먹으면 됩니다.
아예 양념 없이 나물만 먹어도 좋습니다. 그래도 입안에 향기가 넘칩니다.
그래서 버무리 양념은 스치며 지나가듯 소량만 하였습니다.

재료
고수 100g, 참나물 100g, 참깨 5큰술, 고운 소금 1작은술, 들기름 1큰술

만들기
1. 고수와 참나물은 깨끗하게 씻어 손으로 5~6cm 길이로 잘라 물기를 빼둔다.
2. 참깨는 믹서에 성글게 갈아둔다.
3. 2에 고운 소금과 들기름을 섞어 참깨 양념을 만든다.
4. 볼에 참깨 양념을 넣고 고수와 참나물 넣어 부드럽게 버무려 그릇에 담아낸다.

머윗대 곤약조림

※

곤약과 머윗대는 모두 식이 섬유가 풍부한 식재료입니다.
그러니 대장에 얼마나 좋겠습니까. 머윗대 곤약조림은
마음 놓고 먹어도 부담되지 않는 대장이 편안한 음식입니다.
봄의 머위는 꽃과 순을, 여름에는 대와 잎을 먹습니다.
어린순은 생으로 무쳐 먹고 삶아서도 먹고
잎이 무성해지면 장아찌도 만듭니다.

재료
머윗대 300g, 곤약 200g, 당근 30g, 들기름 · 통깨 1큰술씩, 굵은소금 약간
양념장 채소물 1컵, 집간장 3큰술, 조청 2큰술, 들기름 1큰술

만들기
1. 머윗대는 껍질을 벗기고 손질하여 4-5cm 길이로 자르고
당근은 0.5cm 두께의 반달 모양으로 썬다.

2. 곤약은 0.5cm 두께로 썰고 가운데에 일자 칼집을 낸 뒤 한쪽으로 잡아
뒤집어 타래과 모양을 만든다.

3. 끓는 물에 굵은소금을 넣고 머윗대를 살짝 데쳐 식히고,
그 물에 곤약도 데쳐서 찬물에 헹구고 물기를 뺀다.

4. 팬에 들기름과 머윗대를 넣고 약한 불에서 충분히 덖다가 곤약과 양념장을 넣고
20분 정도 조린 후 당근을 넣고 한소끔 더 조려서
통깨를 부수어 넣고 그릇에 담아낸다.

하수오는 뿌리 약재입니다.
땅속의 뿌리와 나무의 열매가 만나니
하수오 호두볶음은 절정의 가을 맛입니다.
뿌리와 열매가 만나 상생하는 맛과 영양은
또 얼마나 풍요로운지요. 하수오의 쌉싸래한
맛이 견과류과 잘 어울립니다.

하수오 _ 중국 하씨(何氏) 성을 가진 사람이 하수오를 먹고
머리카락이 검어지면서 건강해졌다고 하여 하수오(何首烏)라
불립니다. 탈모에도 좋은데 두 이야기 모두 중인 나에게는
불필요한 이야기입니다. 갱년기에 좋다 하여 약재상에서 구입한
말린 하수오를 우려서 차로 많이들 마시는데 나는 산에서 캐 온
것을 그 계절 식재료로 사용합니다.

하수오 호두볶음

재료
하수오 200g, 호두 100g, 하수오잎 10g, 통깨 1큰술, 들기름 2큰술,
조청 1큰술, 고운 소금 1작은술

만들기
1. 백하수오는 껍질째 먹기 좋은 크기로 썰고 잎은 씻어 물기를 빼둔다.

2. 호두는 깨끗이 씻어 체에 밭쳐 물기를 빼둔다.

3. 팬에 들기름 1큰술을 두르고 하수오를 볶다가 약간의 소금을 넣고
충분히 익도록 볶는다.

4. 다른 팬에 남은 들기름을 두르고 호두를 살짝 볶아 약간의 소금으로 간한다.

5. 3과 4를 섞은 다음 조청을 넣어 윤기가 나도록 버무려 불을 끄고 그릇에
하수오잎을 깔고 그 위에 조림을 담고 통깨를 뿌려 낸다.

꽈리고추 생강조림

※

꽈리고추에 생강을 더하면 생강의 강한 맛과 향이
꽈리고추에 배어들어 꽈리고추까지 향긋해집니다. 두 식재료의 맛과
조화가 어찌 이리 훌륭할까요. 생강을 편으로 썰어 청을
만들어두었다 사용하면 생것을 사용했을 때보다
맛과 향이 더 좋아집니다.

재료

꽈리고추 300g, 생강 50g, 들기름 2큰술, 통깨 1큰술
양념장 집간장 2큰술, 조청 · 매실 발효액 1큰술씩, 채소물 1컵

만들기

1. 꽈리고추는 씻어서 꼭지는 떼고 크고 긴 것은 사선으로 반 자른다.
2. 생강은 껍질을 벗기고 얇게 편으로 썬다.
3. 팬에 생강과 들기름을 넣고 충분히 볶다가 꽈리고추를 넣고
색이 변할 때까지 볶는다.
4. 3에 양념장을 넣고 중약불에서 10분 정도 조린 후 통깨를 부수어 넣고
그릇에 담아낸다.

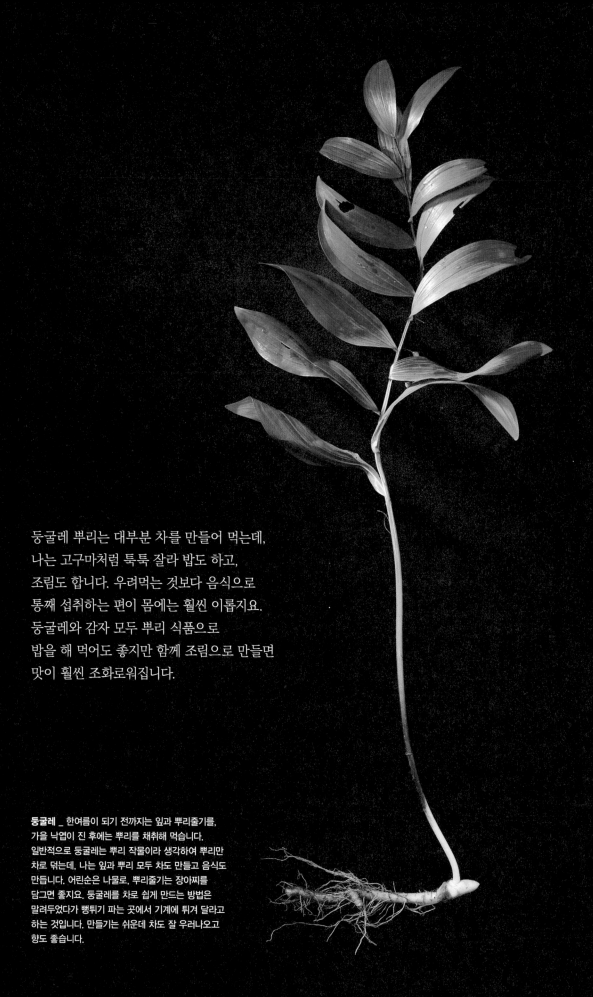

둥굴레 뿌리는 대부분 차를 만들어 먹는데,
나는 고구마처럼 툭툭 잘라 밥도 하고,
조림도 합니다. 우려먹는 것보다 음식으로
통째 섭취하는 편이 몸에는 훨씬 이롭지요.
둥굴레와 감자 모두 뿌리 식품으로
밥을 해 먹어도 좋지만 함께 조림으로 만들면
맛이 훨씬 조화로워집니다.

둥굴레 _ 한여름이 되기 전까지는 잎과 뿌리줄기를,
가을 낙엽이 진 후에는 뿌리를 채취해 먹습니다.
일반적으로 둥굴레는 뿌리 작물이라 생각하여 뿌리만
차로 덖는데, 나는 잎과 뿌리 모두 차도 만들고 음식도
만듭니다. 어린순은 나물로, 뿌리줄기는 장아찌를
담그면 좋지요. 둥굴레를 차로 쉽게 만드는 방법은
말려두었다가 뻥튀기 파는 곳에서 기계에 튀겨 달라고
하는 것입니다. 만들기는 쉬운데 차도 잘 우러나오고
향도 좋습니다.

둥굴레 감자조림

재료

둥굴레 200g, 감자 300g, 청양고추 1개, 들기름 2큰술, 통깨 1큰술
양념장 집간장 · 조청 2큰술씩, 채소물 1컵

만들기

1. 둥굴레와 감자는 깨끗이 씻어 감자는 껍질을 벗겨두고
청양고추는 씨를 빼고 곱게 다진다.

2. 감자는 사방 2cm 크기로 잘라 찬물에 담가 전분기를 빼고
둥굴레는 사방 1cm 크기로 자른다.

3. 팬에 들기름 1½큰술을 두르고 감자를 중약불에서 투명해질 때까지 볶고
둥굴레도 남은 들기름을 넣어 충분히 볶는다.

4. 3에 양념장을 넣고 약한 불에서 10분 정도 조려 국물이 졸아들면 다진 청양고추를
넣고 뒤적여 불을 끄고 통깨를 부수어 넣고 그릇에 담아낸다.

오디양념 채소버무리

✳

참나물과 치커리 위에 구운 채소를 올린 오디양념 채소버무리는
생채소와 익힌 채소가 조화로운 음식입니다.
기름 없이 구운 채소를 생것과 함께 먹으면 소화의 흡수 또한 높아집니다.
만들기는 무척 간단한데 모양도 좋아 잔치 음식에 내놓으면
상이 풍요로워지는 음식입니다.

재료
가지 1개, 애호박 ½개, 감자 1개, 참나물 · 치커리 30g씩, 굵은소금 · 고운 소금 약간씩
양념장 오디 발효액 · 오디 식초 3큰술씩, 집간장 1큰술, 잘게 부순 견과류 2큰술

만들기
1. 애호박과 가지는 비스듬히 사선으로 0.3cm 두께로 자른다.
2. 감자는 껍질을 벗기고 반으로 잘라 비스듬히 사선으로 0.3cm 두께로 자른다.
3. 참나물과 치커리는 5cm 정도의 길이로 자른다.
4. 끓는 물에 굵은소금을 넣고 감자를 삶아 찬물에 헹구어둔다.
5. 애호박과 가지는 두꺼운 팬에 기름 없이 고운 소금을 뿌려 충분히 익혀 식힌다.
6. 볼에 4와 5를 넣고 양념장을 넣어 버무리다 3을 넣고 부드럽게 버무려
그릇에 담아낸다.

연근호두 된장찜

향이 없는 연근은 자기 색깔이 없으니 어떤 식재료와 만나도 서로의 맛을
배가시켜줍니다. 견과류와도 잘 어울리지요. 연근호두 된장찜은 호두의
씹히는 맛이 더해져 연근의 아삭한 식감을 살려줍니다. 청양고추의 매콤한
맛이 끝맛으로 남아 맛에 여운도 있습니다.

재료
연근 400g, 호두 60g, 청양고추 · 홍고추 1개씩
양념장 된장 · 매실 발효액 · 들기름 1큰술씩, 다진 생강 ½작은술

만들기
1. 연근은 깨끗이 씻어 껍질을 벗기고 1cm 굵기로 잘라 꽃 모양을 만든다.
2. 호두는 칼등으로 잘라 다지고 청양고추와 홍고추도 잘게 다진다.
3. 양념장을 만들어 2와 섞어 연근 위에 충분히 올려 김이 오른 찜통에
   10분 정도 찐 후, 그릇에 담아낸다.

아삭한 연근을 튀겨서 바삭함을 덧입히고, 여기에 매콤함과 잣의 고소함까지
더하여 연근부각 잣 양념무침을 만들었습니다. 한낮의 오수를 즐기듯 입안 가득
잠깐의 호사스러움이 순간 시름도 잊게 만듭니다.

연근부각 잣양념무침

재료

연근부각 300g, 잣 1큰술, 들기름 1작은술
양념장 고추장 1큰술, 고운 고춧가루 ½작은술, 조청 · 매실 발효액 · 물 2큰술씩

만들기

1. 양념장 재료를 냄비에 넣고 약한 불에서 끓인다.
2. 끓인 양념에 연근부각을 넣고 버무린 뒤 들기름과 잣을 넣어
한 번 더 버무려 그릇에 담아낸다.

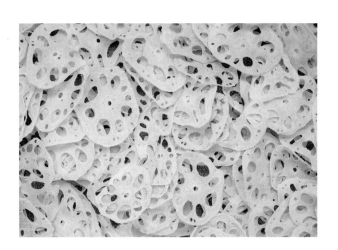

연근부각 만드는 법

재료 연근 1kg, 설탕 2큰술, 계핏가루 1큰술, 굵은소금 약간, 포도씨유 3컵

만들기 ❶ 연근은 껍질을 벗기고 얇게 썰어 물에 헹구어 전분기를 뺀다. **❷** 끓는 물에 굵은소금을
넣고 연근을 살캉하게 삶아 건진다. **❸** 삶은 연근은 채반에 넣어 햇볕에 바삭하게 말린다.
❹ 말린 연근을 160℃로 달군 포도씨유에 재빨리 튀겨 설탕과 계핏가루를 넣어 버무려 낸다.

마른팽이버섯 청고추볶음

팽이버섯은 말리면 식감이 달라집니다. 질깃해지지요. 청고추와 함께 볶아서 상에 내면 질깃한 식감에 모양도 알아볼 수 없으니 말하지 않으면 팽이버섯인 줄 아무도 모릅니다. 이렇게 팽이버섯을 말려두면 보관하기가 좋아 볶음 요리는 물론이고 찌개나 국 등에 두고두고 사용할 수 있습니다.

재료

마른 팽이버섯 40g
청고추 2개
양념장
들기름 · 조청 ·
매실 발효액 1큰술씩
고운 고춧가루 · 고추장
1작은술씩, 물 약간

만들기

1. 청고추는 씨와 속을 제거하고 곱게 채 썬다.
2. 팬에 양념장 재료를 넣고 약한 불에서 끓인다.
3. 양념이 끓으면 마른 팽이버섯을 넣고 뒤적인 뒤 청고추를 넣고 양념이 배도록 충분히 볶아 그릇에 담아낸다.

무콩나물
냉국

끓여서 차게 식히는 무콩나물 냉국은 대보름날 나물밥에 곁들여 먹는 국입니다. 겨울에 먹는 냉국이지요. 무와 콩나물의 아삭하고 시원한 맛이 함께 어우러져 그 맛이 훨씬 풍요로우니, 나물밥에 이만한 국이 없습니다.

재료

무 300g, 콩나물 200g
청양고추 1개
물 6컵
고운 소금 ½큰술

만들기

1. 무는 모양을 살려 중간 굵기로 채 썰고 콩나물은 다듬어 씻어둔다.
2. 청양고추는 모양을 살려 송송 썰어 씨를 털어낸다.
3. 냄비에 물과 채 썬 무를 넣고 끓이다가 무가 익으면 콩나물과 고운 소금을 넣고 다시 끓으면 불을 끄고 청양고추를 넣어 식힌 뒤 차게 담아낸다.

매생이 연근전

❋

매생이만으로 연근만으로도 전을 만들 수 있지만
두 식재료를 함께 사용하면 서로 부족한 부분을 보완하여
훨씬 조화로운 전이 됩니다. 아삭하고 차진 맛에 모양도 더 어여쁘지요.
곁들이는 초간장에 다진 잣을 조금 넣어주면
맛이 더 풍부해집니다.

재료

매생이 200g, 연근(지름 5cm 정도) 200g, 청양고추 1개,
우리 밀가루 5큰술, 포도씨유 3큰술
초간장 집간장 · 매실 발효액 1큰술씩, 감식초 2큰술, 통깨 1작은술, 다진 잣 1큰술

만들기

1. 매생이는 찬물에 비벼가며 씻어서 거름망에 담아 물기를 빼고 약 2cm 길이로 썬다.
2. 연근은 깨끗이 씻어 껍질을 벗긴 후 0.2cm 두께로 10개를 잘라 놓고,
남은 연근은 사방 0.3cm 굵기로 잘게 다지고 청양고추도 잘게 다진다.
3. 매생이와 다진 연근, 청양고추에 우리 밀가루를 넣어 재료가 잘 섞이도록 반죽한다.
4. 달군 팬에 포도씨유를 두르고 3을 한 숟가락씩 올려 5cm 크기로
동그랗게 모양을 잡아서 한쪽 면만 노릇하게 지진다.
5. 익히지 않은 한쪽 면에 저민 연근을 올려 노릇하게 지져
그릇에 담아 초간장과 곁들여 낸다.

새송이 솔잎구이

※

쫄깃한 새송이에 솔 향을 덧입혀 마치
소나무 아래 서 있는 듯한 편안함이 느껴지는 음식입니다.
마음까지 쉬어지는 맛이라고 할까요. 새송이버섯 하나를 입안에 넣으면
어디선가 솔잎의 향이 불어옵니다.

재료
새송이버섯 400g, 솔잎 50g, 고운 소금 1작은술, 들기름 2큰술

만들기
1. 새송이버섯은 흐르는 물에 살짝 헹구고 다듬어 반 갈라 사선으로 칼집을 낸다.
2. 칼집 낸 새송이버섯에 소금을 뿌려 재워두고 솔잎은 다듬어 깨끗이 씻어 물기를 빼둔다.
3. 달군 팬에 들기름을 두르고 중약불에서 2의 새송이버섯을 가볍게 굽는다.
4. 살짝 구운 새송이버섯 위에 솔잎을 얹어 향이 배도록 뒤적이며
새송이를 노릇하게 구워 솔잎과 함께 그릇에 담아낸다.

새송이버섯 무조림

✻

늘 표고버섯무조림을 하였는데, 어느 날 학교 급식 선생님들의 강의에서
표고버섯 말고 다른 버섯으로 해달라는 요청에 시도해본 메뉴입니다. 실험적으로
넣어본 새송이버섯이 표고보다 양념이 잘 배고 식감이 쫄깃하여 더 맛있더군요.
무의 부드러움까지 살려주는 맛이었습니다.

재료

무 600g(반 개 정도), 새송이버섯 300g, 청양고추 1개, 들기름 2큰술, 채소물 4컵
양념장 집간장 3큰술, 고춧가루 · 조청 · 매실 발효액 1큰술씩, 다진 생강 1작은술

만들기

1. 무는 돌려가며 삐지듯이 먹기 좋은 크기로 썰고
새송이는 모양대로 2cm 두께로 썰어 윗면은 사선으로 칼집을 내고 청양고추는 다진다.

2. 달군 팬에 들기름을 두르고 무를 넣고
충분히 볶은 후 새송이버섯을 넣고 다시 볶아준다.

3. 무와 새송이와 들기름이 다 어우러지면 약한 불에서 양념장을 넣고 덖은 후
채소물을 부어 센 불에서 끓인다.

4. 끓으면 약한 불에서 30분 정도 더 조려 청양고추를 넣고 뒤적여 그릇에 담아낸다.

5

＊

한 가지가 통하면
모든 것이 통한다

자연의 재료는 그 어느 것 하나 버릴 것이 없습니다.
잎(순), 줄기, 꽃, 뿌리까지 모두 음식의 재료로 사용할 수
있지요. 잎 하나를 가지고도 밥, 국, 나물, 장아찌, 김치, 떡,
차 등을 만들 수 있습니다. 밥, 국, 기본 반찬에 발효 음식과
후식까지 만듭니다. 어디 잎뿐인가요. 줄기, 꽃, 뿌리도
그러합니다. 한 가지 식재료를 온전하게 이해하게 되면
다른 식재료 또한 이해할 수 있습니다.
한 가지를 다룰 줄 알면 다른 모든 것도 할 수 있습니다.
한 가지가 통하면 모든 것이 통하는 것입니다. 매화꽃으로는
김치를 담글 수 없다고요? 물김치에 매화꽃을 띄워
내어보세요. 그 계절 감동의 음식이 됩니다.
여기에서는 하나의 식재료를 다양한 조리법으로
만든 음식을 담았습니다.

도 라 지

※

이것이 봄날 캔 도라지입니다.
부드러운 순과 여린 뿌리지만 야무져 보입니다.
도라지는 뿌리 식물이라는 인식이 강해
순 먹을 생각은 못 하는데, 쌉싸래한 맛과 향이
도라지 뿌리 그대로입니다. 도라지순 역시 부드러운 순을 따면
하얀 진액이 나옵니다. 그 진액에서 나는 도라지 향 또한
뿌리의 그 향 그대로입니다.
매해 고라니가 도라지순 먼저 똑똑 따 먹는 걸 보면
그 맛과 이로움을 짐작할 수 있습니다.
도라지순은 시금치처럼 국도 끓이고 나물도 무칩니다.
봄의 햇도라지 뿌리는 여려서 무침은 물론 김치, 장아찌 등
어떤 음식을 만들어도 맛있습니다.

도라지순 된장국

✲

도라지 뿌리를 튼실하게 하기 위해 일반적으로
순은 잘라 버립니다. 어느 날 수강생 한 분이
이 도라지순 한 자루를 가져다주셨는데,
마침 만발공양이 있어 국으로 끓여 내놓았습니다.
이십여 가지 음식 중 의외로 가장 인기가 있었던 것이
도라지순 된장국이었습니다. 쫄깃한 식감과
쌉싸래한 맛이 된장과 어우러져 금세 동이 날 정도로
매력적인 맛이었습니다. 이런 귀한 순들이
버려지지 않고 널리 보급되었으면 하는 바람입니다.

재료
도라지순 600g, 된장 1큰술, 고추장 1작은술, 채소물 6컵

만들기
1. 도라지순은 깨끗하게 씻어서 물기를 빼둔다.
부드러운 새순이라 자르지 않고 그대로 사용한다.
2. 냄비에 채소물을 붓고 끓이다 된장을 넣고 한소끔 끓인 뒤
도라지순을 넣고 10분 정도 더 끓인다.
3. 고추장을 넣고 한소끔 더 끓인 뒤 그릇에 담아낸다.

도라지순 무침

재료

도라지순 500g, 굵은소금 약간
나물 양념 집간장 · 고운 소금 1작은술씩, 매실 발효액 · 들기름 · 참깨 가루 1큰술씩

만들기

1. 도라지순은 깨끗이 씻는다. 끓는 물에 굵은소금을 넣고 도라지순을 넣어
뒤적여 꺼내 찬물에 헹군 뒤 물기를 꼭 짠다.
2. 도라지순에 나물 양념을 넣고 골고루 무쳐 그릇에 담아낸다.

도라지순 장아찌

재료
도라지순 500g **양념장** 집간장 ½컵, 물 1컵, 조청 · 매실 발효액 5큰술씩

만들기
1. 도라지순은 깨끗이 씻은 후 체에 밭쳐 물기를 뺀다.
2. 양념장 재료 중 매실 발효액을 남기고 냄비에 넣어 끓인다.
3. 도라지순을 용기에 담고 한 김 나간 양념장을 붓고 도라지순이 잠길 수 있도록
무거운 돌로 눌러둔다.
4. 3~4일 후에 도라지순을 건져내 꼭 짠 뒤 남은 간장을 끓여서 식혀 붓는다.
5. 다시 끓여 붓기를 한 번 더한 뒤 매실 발효액을 맨 위에 부어 넣고 냉장 보관한다.

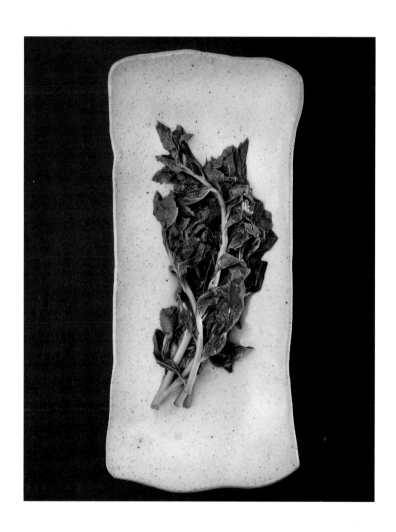

도라지뿌리 김치

재료
도라지 400g, 고춧가루 · 집간장 2큰술씩 , 다진 생강 10g,
홍시 1개, 굵은소금 3큰술

만들기
1. 도라지뿌리는 깨끗이 씻어 껍질을 벗긴 후
길이 15cm 정도로 잘라 동량의 소금물에 절인다.

2. 홍시는 껍질을 벗기고 씨를 제거하여 안의 살을 발라두고
절여진 도라지뿌리는 한 번 헹구어 물기를 빼둔다.

3. 홍시에 고춧가루, 집간장, 다진 생강을 넣고 만든 양념에
도라지뿌리를 잘 버무려 용기에 담는다.

도라지뿌리 강정

재료

도라지 300g, 브로콜리 100g, 볶은 땅콩 20g, 들기름 1큰술, 포도씨유 2컵
튀김 반죽 우리 밀가루·전분 ½컵씩, 찹쌀가루 2큰술, 물 ⅔컵
양념장 채소물 ½컵, 고추장 · 조청 1큰술씩, 고춧가루 1작은술, (전분 · 물 1큰술씩)

만들기

1. 도라지는 깨끗이 씻어 껍질을 벗긴 후 2cm 길이로 잘라두고, 브로콜리는 깨끗이 씻어
꽃송이 모양을 살려 2cm 길이로 자르고, 땅콩은 껍질을 벗기고 잘게 다진다.

2. 튀김 반죽을 만든 뒤 도라지와 브로콜리에 반죽을 입혀 180℃의 포도씨유에 두 번 튀긴다.

3. 팬에 양념장 재료를 넣고 끓어오르면 전분을 동량의 물에 풀어 부어가며 되직한 농도가 되도록 끓인다.

4. 3의 양념에 튀긴 도라지와 브로콜리를 넣고 뒤적인 뒤 들기름을 넣고 다시 버무려
그릇에 담고 다진 땅콩을 올려 낸다.

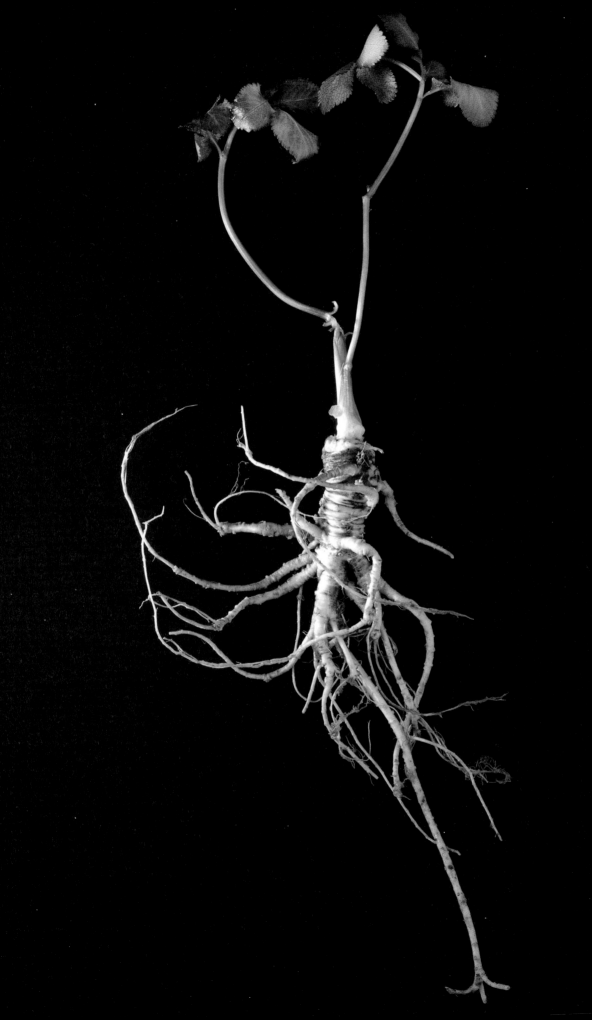

연 삼

※

바다나물이라고도 불리는 연삼은
산이나 들의 물가 근처에서 잘 자랍니다. 첫 순 올라왔을 때
나물을 무치면 그 맛과 향이 뛰어난데,
보통은 뿌리를 약재로 사용하는 산나물입니다.
양평 사시는 자연산방 태공 스님 따라 양평 산자락 나물 뜯으러 갔다가
이 보배로운 연삼을 만나게 되었습니다.
그날로 연삼 공부에 들어가 여럿 음식을 만들어보았습니다.
특히 정과는 자랑스러운 저만의 음식입니다.
정과를 만들 때는 일반적으로는 잎을 사용하지 않는데,
저는 잎과 줄기, 뿌리 그대로 모양을 살렸습니다.

연삼 정과

재료

연삼 200g, 물 1컵, 유기농 설탕 50g, 고운 소금 ½작은술, 꿀 2큰술

만들기

1. 연삼은 잎과 뿌리를 다치지 않도록 깨끗이 씻어둔다.

2. 냄비에 물, 유기농 설탕, 소금을 넣고 끓으면 연삼을 넣고 센 불에서 끓인다.

3. 끓으면 약한 불에서 국물이 거의 없이 졸아들도록 끓인다.

4. 3에 꿀을 넣어 위아래로 뒤적인 후 윤기가 나도록 조려낸다.

5. 조린 정과는 잎과 뿌리를 살려 채반에 담아 꾸덕꾸덕하게 말려 한지로 싸서 보관한다.

마른 연삼대 _ 한여름이 지나면 무성하게 자란 연삼 줄기를 잘라 그늘에 바삭하게 말려 잘 보관 해두었다가 간장 항아리에 넣어두고 간장을 먹습니다. 마른 연삼대를 간장에 넣으면 군내, 묵은 내, 잡내가 제거되어 간장을 향기롭고 맛나게 해주기 때문입니다. 간장 자체가 맛있으니 이것저것 양념하지 않아도 음식이 맛있습니다.

연삼잎 생절이

재료
연삼잎 300g
양념장 집간장 · 매실 발효액 · 고춧가루 · 들기름 · 참깨 가루 1큰술씩

만들기
1. 연삼잎은 깨끗하게 씻어 물기를 빼둔다.
2. 분량의 양념을 고루 섞어둔다.
2. 볼에 양념장을 넣고 연삼잎을 넣어 부드럽게 버무려 그릇에 담아낸다.

연삼 고구마묵

재료

연삼 가루 1큰술, 고구마묵 가루 2컵, 물 8컵, 고운 소금 약간
양념장 집간장 · 매실 발효액 · 들기름 1큰술씩, 고춧가루 1작은술, 다진 청고추 1개

만들기

1. 고구마 가루는 물을 부어 불린 뒤 거름망에 찌꺼기를 걸러낸다.

2. 고구마 가루 물에 연삼 가루를 넣고 섞는다.

3. 냄비에 2를 넣고 약한 불에서 골고루 저어 끓으면 소금을 넣고 다시 5분 정도 더 끓인 후
불을 끄고 뚜껑을 닫아 뜸을 푹 들인다.

4. 틀을 대용할 유리 용기나 도자 그릇에 부어 굳힌 뒤 틀에서 꺼내
먹기 좋게 잘라 양념장과 곁들여 낸다.

연삼뿌리 발효액

재료
연삼뿌리 1kg, 유기농 설탕 800g, 고운 소금 40g

만들기
1. 연삼뿌리는 깨끗이 씻어 1cm 간격으로 잘라 물기를 빼둔다.
2. 그릇에 자른 뿌리를 담고 설탕 600g과 소금을 넣고 버무려둔다.
3. 버무려둔 그릇에서 기포가 뽀글뽀글 올라오면 유리병에 옮겨 담고
   남은 설탕 200g을 위에 부어둔다.
4. 3~4일 지나 설탕이 녹도록 위아래로 저어준다.
5. 연삼뿌리를 그대로 두고 발효액만을 떠다가 먹는다.

돼지감자

❊

싹이 나오기 전 초봄 경칩 즈음 캔 돼지감자로
장아찌와 김치를 담가야 맛있습니다.
이때는 아린 맛이 적고 달착지근하면서 아삭아삭해
생으로 먹어도 맛있지요. 돌보지 않아도
절로 자라는 돼지감자는 캐도 캐도 끝도 없이 나와
양이 넘치니, 주변에 나누어주고도 많습니다.
그래서 갈아 음료로 마시기도 합니다.

돼지감자 장아찌

재료
돼지감자 1kg **양념장** 집간장 · 매실 발효액 1컵씩, 물 1컵, 조청 5큰술

만들기
1. 돼지감자는 굵은 것으로 골라 껍질째 씻어서 물기를 빼둔다.
2. 양념장 재료 중 매실 발효액을 남기고 냄비에 넣어 끓인다.
3. 돼지감자를 용기에 담고 한 김 나간 양념장을 붓고 돼지감자가 잠길 수 있도록 무거운 돌로 누른다.
4. 3~4일 후에 돼지감자를 건져내고 남은 간장을 끓여서 식힌 뒤 붓는다.
5. 다시 끓여 붓기를 한 번 더한 뒤 매실 발효액을 맨 위에 부어 넣고 냉장 보관한다.

돼지감자 깍두기

재료

돼지감자 400g, 고춧가루 · 집간장 2큰술씩, 생강 10g, 배 ¼개, 굵은소금 3큰술

만들기

1. 돼지감자는 껍질째 깨끗이 씻어 큰 것은 반으로 잘라
동량의 소금물에 한 시간 정도 절여 한 번 헹구어 물기를 빼둔다.

2. 믹서에 생강과 배를 넣고 곱게 갈아 고춧가루, 집간장을 넣어 양념을 만든다.

3. 양념에 돼지감자를 잘 버무려 바로 먹어도 좋고, 익혀서 먹어도 좋다.

돼지감자 과자

재료

돼지감자 · 자색 돼지감자 200g씩, 굵은소금 약간

만들기

1. 돼지감자는 깨끗이 씻어 슬라이서로 밀어 찬물에 담가 전분기를 뺀다.

2. 끓는 물에 굵은소금을 넣고 전분기 뺀 돼지감자를 데친 후 50℃ 건조기에 비들비들하게 말린다.

3. 햇볕 좋은 날에 바싹 말려 통에 담아두었다가 차와 함께 낸다.

볕 좋은 날 얇게 썰어서 장독대에 널어 말리면
주전부리로 좋은 돼지감자 과자를 만들 수 있습니다. 은은한
자연의 단맛이 차와 함께 내면 잘 어울립니다.

돼지감자순 잎차

✳

돼지감자잎은 일반적으로 잘 먹지 않습니다.
무성하게 자란 이 잎들이 버려지는 게 아까워, 아깝다
정신을 발휘하여 차로 만들어보았더니
돼지감자 뿌리차만큼 맛있습니다. 초봄에는 뿌리를 먹고,
봄부터 여름까지는 잎차를 마시고 가을에는 꽃차를 누리니
돼지감자는 세상에 나와 그 쓰임을 온전히 다합니다.

재료

돼지감자순 잎 300g, 굵은소금 약간

만들기

1. 돼지감자순 잎은 깨끗이 씻어 끓는 물에 소금을 넣고
살짝 데쳐 채반에 고루 넣어 말린다.

2. 말린 돼지감자순 잎은 약한 불에서 덖어 식히기를 세 번 반복하여 통에 담아 보관한다.

3. 다관에 끓인 물 500ml과 돼지감자순 잎 5g을 넣어 우린 후
찻잔에 찻물을 따라 마신다.

돼지감자 꽃차

✲

가을이면 절 올라오는 오른쪽 산길이
돼지감자꽃으로 노랗게 물듭니다.
키가 얼마나 큰지 사람 키를 훌쩍 넘은 돼지감자가
꽃무리를 지어 꽃을 피우면 장관이 따로 없습니다.
그 감동을 꽃차에 담아 겨우내 누립니다.

재료
돼지감자 꽃 100g

만들기
1. 돼지감자 꽃은 찜기에서 60℃ 온도로 10분 정도 찐 뒤
40℃ 온도의 건조기에서 바짝 말린다.
2. 말린 꽃차는 통에 담아 보관한다.
3. 다관에 끓인 물 500ml과 돼지감자 꽃 5g을 넣어 우린 후
찻잔에 찻물을 따라 마신다.

상추

여름 상추는 진통, 수면 효과가 있고
식이 섬유가 풍부하여 변비에도 좋습니다.
성질이 찬 채소라 몸의 열을 내리는 데도 효과적입니다.
상추의 쓴맛을 내는 우윳빛 즙은 소화를 돕고 신경을 안정시켜줍니다.
그러니 여름 상추는 약처럼 그 계절 물리도록 먹습니다.
그러나 차가운 성질을 가지고 있어 설사를 자주 하거나
찬 것을 먹으면 배가 아픈 사람은 생것으로
많이 먹지 않는 것이 좋겠지요.

상추밥

재료

현미 1컵, 청상추 300g, 표고버섯 1개, 물 1⅓컵, 집간장 1작은술, 들기름 1큰술, 굵은소금 ⅓컵
양념장 집간장 · 들기름 · 매실 발효액 · 참깨 가루 1큰술씩, 다진 청 · 홍고추 1개씩

만들기

1. 상추를 깨끗이 씻어 동량의 소금물에 절인 후 한 번 헹구어 꾸덕꾸덕하게 말린다.
2. 현미는 깨끗이 씻어 4시간 이상 충분히 불린다.
3. 표고는 얇게 채 썰어 약간의 집간장과 들기름에 버무려둔다.
4. 말린 상추는 물에 씻어 그대로 불려 물기를 꼭 짠 후 남은 집간장과 들기름에 버무려둔다.
5. 솥에 물과 쌀을 안치고 상추와 표고버섯을 위에 올린 다음 뚜껑을 덮고 센 불에서 끓인다.
6. 밥물이 부글부글 끓어오르면 중간 불로 줄이고 10분 정도 끓인 후 약한 불로 줄여서 5분간 뜸을 들인다.
7. 밥이 다 되면 주걱으로 섞어서 그릇에 담고 양념장을 곁들여 낸다.

상추국

재료

청상추 600g, 두부 180g, 청양고추 1개, 된장 1큰술, 고추장 1작은술, 채소물 6컵

만들기

1. 상추는 깨끗하게 씻어서 물기를 뺀 뒤 반으로 잘라둔다.

2. 청양고추는 꼭지를 제거하여 잘게 다지고 두부는 사방 1cm로 깍뚝썰기 한다.

3. 냄비에 채소물을 붓고 끓이다 된장을 넣고 한소끔 끓인 뒤 두부와 상추를 넣고 5분 정도 더 끓인다.

4. 고추장과 다진 고추를 넣고 한소끔 더 끓인 뒤 그릇에 담아낸다.

상추나물무침

재료
청상추 600g, 통깨 1큰술, 굵은소금 약간
양념장 고추장 · 들기름 · 매실 발효액 1큰술씩, 집간장 ½작은술

만들기
1. 상추는 깨끗이 씻어 끓은 물에 굵은소금을 넣고 살짝 데친 후 찬물에 헹구어 물기를 꼭 짠다.
2. 물기를 꼭 짠 상추에 양념장을 넣고 버무려 통깨를 부수어 넣고 그릇에 담아낸다.

대궁상추김치

상추는 주로 잎을 먹지만 저는 줄기 부분인 대궁도
버리지 않고 조리해서 먹습니다. 이 부분은 상추가 자라 꽃을 피우고
열매를 맺기 위해 성분이 강화되어 있기 때문에 생것으로 먹으면
너무 자극적이라 전이나 김치로 먹습니다

재료
대궁상추 500g, 감자 180g, 청 · 홍고추 2개씩, 물 1컵
양념 집간장 · 매실 발효액 2큰술씩, 생강즙 1큰술, 고춧가루 ½컵, 고운 소금 약간

만들기
1. 감자를 강판에 갈아 물 1컵을 붓고 죽을 쑤어 식으면 분량의 양념을 넣어 섞는다.
2. 대궁상추는 깨끗하게 씻은 뒤 반으로 자르고 청 · 홍고추는 어슷썰기 한다.
3. 1의 양념에 어슷썰기 해둔 청 · 홍고추와 대궁상추를 넣고 고루 버무려
바로 먹거나 통에 담아 냉장 보관한다.

상추떡

재료
청상추 400g, 쌀가루 300g, 거피팥고물 300g, 고운 소금 ½큰술

만들기
1. 상추는 깨끗이 씻어서 물기를 빼고 잘게 썰어 쌀가루와 고운 소금을 넣고 고루 섞는다.
2. 시루 밑에 면포를 깐 뒤 팥고물을 한 켜 올리고 그 위에 1을 수북이 올린다.
3. 2위에 팥고물, 1, 팥고물 순서로 켜켜이 올리고 뚜껑을 덮는다.
4. 찜기에 물을 넉넉하게 붓고 시루를 올린 다음 김이 나기 시작하면 그때부터 15~20분 동안 더 찐다.
5. 약한 불로 줄여 5분 정도 뜸을 들이고 불을 끈 뒤 한 김 식혀 그릇에 담아낸다.

두부

*

절집에서 두부는 단백질을 보충하는 요긴한 식재료입니다.
별별 요리를 다 하지요. 시금치, 버섯, 우엉 등
어떤 식재료와 만나도 조화롭습니다.
요리를 하기 전에 간수를 충분히 빼주어야 하는데,
방법은 소금물에 담가두거나, 끓는 물에 소금을 넣고 삶아내거나,
두부에 소금을 뿌려 면포로 간수를 빼는 것입니다.
순두부도 채반에 밭쳐 소금을 뿌려 면포로 간수를 빼서 사용합니다.

녹차양념 두부구이

재료

두부 300g, 고운 소금 · 후춧가루 약간씩, 포도씨유 2큰술
양념장 녹차 가루 · 녹찻잎 3g씩, 집간장 ½큰술, 매실 발효액 · 물 1큰술씩

만들기

1. 두부는 사방 3cm 정도의 주사위 모양으로 썰어
윗부분을 지름 1.5cm 원 모양으로 구멍을 판 후 소금과 후춧가루를 뿌려둔다.

2. 달군 팬에 포도씨유를 두르고 두부의 여섯 면을 노릇하게 굽는다.

3. 분량의 양념장을 만들어 구운 두부의 윗면에 가득 올려 그릇에 담아낸다.

두부구이 뿌리채소찜

재료

두부 300g, 연근 · 우엉 · 당근 · 고구마 · 무 50g씩, 불린 표고버섯 1장,
청 · 홍고추 1개씩, 고운 소금 · 포도씨유 약간씩
양념장 집간장 · 조청 2큰술씩, 고추장 · 들기름 1큰술씩, 고춧가루 1작은술, 채소물 3컵

만들기

1. 두부는 사방 3cm 크기로 썰어 고운 소금을 살짝 뿌린 다음 팬에 포도씨유를 두르고 앞뒤로 노릇하게 지진다.

2. 연근과 우엉만 껍질을 벗긴 뒤 당근, 무, 고구마와 같이 0.5cm 정도의 굵기와 사방 3cm 정도의 크기로 자른다.

3. 불린 표고는 0.3cm 굵기로 채 썰고 청·홍고추는 어슷썰기 하여 가볍게 씨를 털어둔다.

4. 냄비에 1과 2와 표고를 섞어 넣고 분량의 양념장을 부어 불에 올린다.
끓으면 중약불에서 10분 정도 더 찐 뒤 청 · 홍고추를 넣고 뒤적여 그릇에 담아낸다.

순두부죽

재료

순두부 300g, 고수 30g, 고운 소금 ½ 작은술, 집간장 1작은술,
들기름 1큰술, 채소물 3컵

만들기

1. 고수는 다듬어 깨끗이 씻어 잘게 잘라둔다.

2. 냄비에 채소물을 넣고 끓으면 집간장과 소금을 넣고
순두부를 숟가락으로 떠 넣어 중약불에 끓인다.

3. 끓으면 불을 끄고 고수와 들기름을 넣고 저어 그릇에 담아낸다.

묵은지 두부말이

재료

두부 300g, 묵은지 400g, 들기름 1큰술

만들기

1. 묵은지는 깨끗이 씻어서 충분히 물에 담가 짠맛을 빼고 물기를 꼭 짜둔다.

2. 두부는 가로 2cm, 세로 4cm 길이로 잘라둔다.

3. 묵은지는 두부를 싸기 좋은 크기로 잘라 들기름에 버무려둔다.

4. 묵은지를 펼쳐 두부를 올려놓고 감싸 말아서 그릇에 담아낸다.

두부견과류 쌈장

재료

두부 300g, 된장 2큰술, 고추장 · 표고가루 1큰술씩, 매실 발효액 · 들기름 2큰술씩,
땅콩 · 아몬드 · 잣 10g씩, 청양고추 · 청고추 · 홍고추 1개씩

만들기

1. 두부는 칼등으로 으깨고 청양 · 청 · 홍고추는 꼭지만 떼어내고 씨째로 잘게 다진다.

2. 땅콩과 아몬드는 거칠게 다지고 잣은 칼등으로 눌러 부순다.

3. 달군 팬에 들기름 1큰술을 두르고 다진 고추를 넣어 볶다가 2를 넣어 가볍게 볶는다.

4. 뚝배기에 들기름 1큰술을 두르고 된장, 고추장과 표고 가루를 넣고 약한 불에서 충분히 볶다가
으깬 두부를 넣어 섞이도록 볶는다.

5. 약한 불에서 충분히 볶아진 4에 3을 넣고 골고루 버무린 후 불을 끄고
매실 발효액을 넣어 섞어 용기에 담아둔다.

6

※

차 한 잔에 삼매

다도일미

茶道一味

차 한 잔에 모든 시름을 내려놓습니다.

세상과의 경계를 끊고, 그냥 차 한 잔을 마실 뿐입니다.

시비가 끊어지니 생각도 쉬어집니다.

세상을 잊고 나를 잊고 그리하여 삼매(三昧)에 들어가는

일미(一味)의 맛. 이것 또한 깨달음의 한 맛입니다.

세상 모든 꽃, 잎, 열매, 뿌리, 곡류까지도 차로 만들 수 있습니다.

한 가지 재료로 차를 만들 수 있으면 세상의 모든 재료도

차를 만들 수 있습니다. 차 역시

한 가지가 통하면 모든 것이 통합니다.

제가 만드는 차는 전통차가 아니라 대용차입니다.

그래서 누구나 쉽게 만들 수 있습니다.

이렇게 만든 차는 몸을 따뜻하게 하고

정신을 맑게 해줍니다. 때론 배고픔을 덜어주는

한 끼의 식사 대용이 되어 넉넉함까지 줍니다.

번거로움을 줄이고도

배부를 수 있는 차는 밥이 되기도 합니다.

생강나무 _ 잎이나 꽃, 가지를 꺾으면 알싸한 생강 냄새가 나서 이름이
생강나무입니다. 산동백이라고도 부르지요. 옛 할머니들의 머릿기름으로
쓰던 동백기름이 바로 이 생강나무 열매를 짠 기름입니다. 초록이
귀한 이른 봄에 제일 먼저 노란 꽃을 피우는데 그 봄이 반가워 얼른
꽃차를 만듭니다. 꽃이 지고 새순이 올라오면 절에서는 이 작고 도톰한
생강나무 잎에 앞뒤로 찹쌀풀을 발라 부각을 만들어 먹습니다. 봄의
입맛을 제일 먼저 깨워주는 고마운 나무입니다.

생강나무 꽃차

❋

꽃차는 꽃을 보기 위해 투명한 유리 다관에 우립니다.
뚜껑을 덮어 향을 가두어두었다가 뚜껑을 열면
봄의 향이 진동을 하니,
이 봄을 어찌 생강나무 꽃차 한 잔 없이 지나갈 수 있을까요.

재료

생강나무 꽃 100g

만들기

1. 생강나무 꽃은 찜기에서 60℃ 온도로 10분 정도 찐 뒤
40℃ 온도의 건조기에서 바짝 말린다.

2. 말린 꽃차는 통에 담아 보관한다.

3. 다관에 끓인 물 500ml과 생강나무 꽃 5g을 넣어 우린 후
찻잔에 찻물을 따라 마신다.

산의 기운을 받고 자란 야생 오가피는 맛과 향이 강하여
그 신령스러움이 차에도 묻어나는 듯합니다.
약성 때문에 한 잔만 마셔도 열감이 오르는 느낌을 받지요.
약성 좋은 차들이 그렇듯 쓴맛이 있지만, 단맛이 뒤에 올라옵니다.
새콤달콤한 딸기 말랭이를 곁들이면 맛이 조화롭습니다.

야생 오가피 잎차

재료
야생 오가피 잎 300g, 굵은소금 약간

만들기
1. 야생 오가피 잎은 깨끗이 씻어 끓는 물에 소금을 넣고 살짝 데쳐
채반에 고루 널어 말린다.

2. 말린 오가피 잎은 약한 불에서 덖어 식히기를 세 번 반복하여 통에 담아 보관한다.

3. 다관에 끓인 물 500ml과 오가피 잎 5g을 넣어 우린 후
찻잔에 찻물을 따라 마신다.

───── 차에 곁들인 딸기 말랭이 ─────

재료 딸기 500g

만들기 ❶ 딸기는 깨끗이 씻어 물기를 빼고 큰 것은 3등분하고 중간은 반 자른다.
❷ 건조기에 딸기를 고루 펴 놓는다. **❸** 50℃에서 20시간 말려 보관해놓았다가 차와 함께 낸다.
* 부드러운 걸 원하면 12시간 정도 말리고 딱딱하게 말려 장시간 보관을 원하면
28시간 정도 말린다.

둥글레는 뿌리차보다 잎차가 맛있습니다.
사람들은 둥글레 잎차는 잘 먹지 않는데
버려지는 그 잎이 아까워 어느 날 차로 만들어
보았더니 잎차가 더 향기롭다는 것을
알게 되었습니다.
덕분에 봄, 여름에는 둥글레 잎차를,
가을에는 둥글레 뿌리차를 만들어 지인들과
나누고 있습니다.

둥굴레 잎차

재료

둥굴레 잎 300g, 굵은소금 약간

만들기

1. 둥굴레 잎은 깨끗이 씻어 끓는 물에 소금을 넣고 살짝 데쳐
채반에 고루 널어 말린다.

2. 말린 둥굴레 잎은 약한 불에서 덖어 식히기를 세 번 반복하여 통에 담아 보관한다.

3. 다관에 끓인 물 500ml과 둥굴레 잎 5g을 넣어 우린 후
찻잔에 찻물을 따라 마신다.

───── **가을의 기운이 꽉찬 둥굴레 뿌리차** ─────

재료 둥굴레 뿌리 400g

만들기 ❶ 둥굴레 뿌리는 깨끗이 씻어 1cm 간격으로 둥글게 썰어 말린다.
❷ 말린 둥굴레 뿌리는 약한 불에서 덖어 식히기를 세 번 반복하여 통에 담아 보관한다.
❸ 물 1L에 둥굴레 뿌리 10g을 넣고 끓여 찻물만 걸러 뜨겁게 또는 차게 마신다.

오디우유

※

5월이면 마하연 뒷산에 가지가 부러질라 휘영청 오디 열매가 열립니다.
그때쯤 오는 이들은 나무 아래 서서 오디 따 먹는 재미가 쏠쏠하지요.
이렇게 먹고도 넘치니 먹다 지쳐 남은 오디는 모두 수확하여 깨끗이 씻은 다음
냉동실에 얼려두었다 음료로 활용합니다.

재료

얼린 오디 200g, 우유 500ml, 밤꿀 4큰술

만들기

1. 믹서에 우유 1컵과 얼린 오디를 넣고 곱게 갈다가 남은 우유를 넣고 한 번 더 갈아준다.
2. 컵 4잔에 나누어 담고 밤꿀 1큰술씩을 넣어 고루 저어 낸다.

맑은 토마토음료

재료

토마토(중간 크기) 8개, 물 ½컵, 고운 소금 1작은술

만들기

1. 토마토는 씻어 꼭지를 떼어내고 4등분한다.
2. 냄비에 물과 잘라둔 토마토를 넣고 중약불에서 40분 정도 끓여 소금을 넣고 불을 끈다.
3. 끓인 토마토는 식혀 거름망에 걸러 맑은 부분만 따라낸다.
4. 컵 4잔에 나누어 가득 담아낸다.

나의 토마토 음료는 끓여서 만들었기 때문에 맛과 영양이 진하고
소화 흡수력이 좋습니다. 그래서 건지 없이 맑은 것만 먹어도

여주차

※

여름이 되면 마하연 텃밭에도 싱그러운 여주가 주렁주렁 열립니다.
천연 인슐린이라 불리는 여주는 당뇨에 좋고, 여름 기력 회복에도 좋은 식재료입니다.
몸을 이롭게 해주니 쓴맛도 달다 생각하고 고맙게 먹습니다. 차로 만들어두면
겨울까지 두고두고 여주의 이로움을 섭취할 수 있지요.

재료

생여주 400g

만들기

1. 생여주는 깨끗이 씻어 0.5cm 간격으로 둥글게 썰어 말린다.

2. 말린 여주는 약한 불에서 덖어 식히기를 세 번 반복하여 통에 담아 보관한다.

3. 물 1L에 여주차 5g을 넣고 끓여 찻물만 걸러 두고
뜨겁게 또는 차게 마신다.

바나나 검은깨두유

✳

바나나 흑임자두유는 끼니와 끼니를 잇는 차입니다.
번거로움 없이도 배부른 밥이 되는 음료이지요. 콩국은 많다 싶게 만들어두었다
음료로도 먹고, 국수도 말아 먹고 합니다.

재료
콩국 500ml, 바나나 2개 , 검은깨 3큰술, 아몬드 · 잣 1큰술씩

만들기
1. 바나나는 껍질을 벗겨 잘라둔다.
2. 믹서에 콩국 1컵과 바나나, 검은깨, 아몬드, 잣을 넣고 곱게 갈다가
남은 콩국을 넣고 한 번 더 갈아 컵에 나누어 담아낸다.

콩국 만드는 법

재료 불린 콩 2컵, 물 3컵, 고운 소금 약간

만들기 ❶ 냄비에 불린 콩과 물, 소금을 넣고 끓으면 1분 정도 더 끓이고 불을 끈다.
❷ 끓인 물은 따로 담아두고 삶은 콩은 찬물에 헹구어 껍질을 벗긴다.
❸ 믹서에 껍질 벗긴 콩과 콩물을 넣고 간 다음, 고운 면포에 콩국만 꼭 짜둔다.

산양삼의 잎과 뿌리를 모두 살려 화전을
부치고, 이 계절 마하연 마당에 지천인
유채를 올려보았습니다. 봄날 찻자리에 이
산양삼 화전을 내면 다들 처음에는 화들짝
놀랐다가 감동하며 먹습니다. 화전의
찹쌀가루는 삭혀서 발효된 것을 사용하면
생것을 쓰는 것보다 소화가 잘됩니다.
찹쌀가루를 비닐백에 넣어 26℃ 정도 되는
따뜻한 곳에 올려두고 부풀어 오르면
발효가 된 것입니다.

산양삼 _ 마하연 뒷산 깊은 곳에는 산양삼이 자라고
있습니다. 나물 뜯으러 올라가면 사람들은 코앞에
산양삼이 있는데도 모릅니다. 빨간 열매가 열려도 알아보는
사람만 또 알아봅니다. 몸에 좋다는 얘기 더해 뭐할까요.
누구에게나 약이 되는 산양삼은 겨우내 잃었던 근기를
되찾기 위해 필요한 만큼 모셔와 공양합니다.

산양삼 찹쌀화전

재료
산양삼 60g, 찹쌀가루 2컵, 뜨거운 물 3큰술, 포도씨유 2큰술, 꿀 1큰술, 고운 소금 약간

만들기
1. 찹쌀가루에 소금과 뜨거운 물을 넣고 익반죽하여 오랫동안 치댄다.
2. 산양삼은 잎과 뿌리가 다치지 않도록 깨끗이 씻어 물기를 빼둔다.
3. 1의 반죽을 지름 5cm 정도로 동글납작하게 빚어서 달군 팬에
포도씨유를 살짝 두르고 한쪽 면만 지진다.
4. 뒤집개로 뒤집어 자근자근 누르고, 익은 면에 산양삼의 모양을
살려 올린 뒤 꿀을 발라 담아낸다.

제피 _ 제피는 출가하여 행자 시절 은사 스님께 배웠습니다. 생잎을 따
먹으면 충이 없어진다고. 노지의 것을 생으로 먹는 절집에서는 예로부터
제피를 기생충 약으로 사용했던 것이지요. 제피가 가지고 있는 따뜻한
성질은 더워서 생기는 병을 예방하는 효과가 있습니다. 장떡이나 장아찌
등으로 많이들 먹는데, 내가 즐겨 하는 요리는 김치와 강정. 귤피를 말려서
제피와 함께 강정에 넣으면 격조 있는 주전부리가 됩니다.

제피잎 찹쌀화전

※

봄이면 제피를 구하러
여기저기 먼 길을 다녀오곤 하였습니다.
어느 날인가요. 가까운 용인에 있는 지인 스님 절에
마실 갔다가 마당에 오래된 제피 나무가
여럿인 것을 발견하고는 주지 스님께
제피 좀 나누어도 될까요 말씀드렸더니
그날로 제 차지가 되었습니다.
제피순 딴 날은 화전을 부치는 날입니다.
삭힌 찹쌀가루로 쫀듯한 화전을 부쳐도
제피의 향만 기억나니,
그렇게 제피 향은 깊고도 깊습니다.

재료

제피잎 20g, 찹쌀가루 2컵, 뜨거운 물 3큰술,
포도씨유 2큰술, 꿀 1큰술, 고운 소금 약간

만들기

1. 찹쌀가루에 소금과 뜨거운 물을 넣고
익반죽하여 오랫동안 치댄다.
2. 제피잎은 깨끗이 씻어 물기를 빼둔다.
3. 1의 반죽을 지름 5cm 정도로 동글납작하게 빚어서
달군 팬에 포도씨유를 살짝 두르고 한쪽 면만 지진다.
4. 뒤집개로 뒤집어 자근자근 누르고, 익은 면에 제피잎의
모양을 살려 올린 뒤 꿀을 발라 담아낸다.

잔대 정과와 산양삼 정과는 스스로 터득하여 만든 나만의 요리법입니다.
보통은 뿌리로만 정과를 만드는데 나는 뿌리부터 잎까지 맛과 색을 살려 정과를 만듭니다.
잎을 정과로 만들기는 쉽지 않기 때문이지요. 이렇게 만든 잔대와 산양삼 정과는
쫀득한 식감에 쓴맛과 단맛이 조화로워 차와 잘 어울립니다.

잔대 정과

재료

잔대 200g, 물 1컵, 유기농 설탕 50g, 고운 소금 ½작은술, 꿀 2큰술

만들기

1. 잔대 잎과 뿌리를 다치지 않도록 깨끗이 씻어둔다.

2. 냄비에 물, 유기농 설탕, 소금을 넣고 끓으면 잔대를 넣고 센 불에서 끓인다.

3. 끓으면 약한 불에서 국물이 거의 없어질 때까지 끓인다.

4. 3에 꿀을 넣어 위아래로 뒤적인 후 윤기가 나도록 조려낸다.

5. 조려진 정과는 잎과 뿌리를 살려 채반에 담아 꾸덕꾸덕하게 말려 한지로 싸서 보관한다.

절 뒷마당에 올라온 산양삼 새순입니다. 절에 산양삼이 있는 연유는
이렇습니다. 감은사에 오고 얼마 안 되어 알고 지내던 심마니분들이
오셨습니다. 가난한 절이라 생각이 드셨는지 훗날 불사에 보태라며
2년 된 산양삼 1000여 개를 주셨습니다. 절의 비탈진 그늘에 양쪽으로 나누어
심었더니, 심마니분들의 간절함으로 그 이듬해 반 넘게 살아남았습니다.
그 후 오고 가는 사람들 속에 우여곡절을 거치며 몇 개 남지 않은
산양삼으로 정과를 만들어보았습니다.

산양삼 정과

재료
산양삼 200g, 물 1컵, 유기농 설탕 50g, 고운 소금 ½작은술, 꿀 2큰술

만들기
1. 산양삼은 잎과 뿌리가 다치지 않도록 조심하며 깨끗이 씻어둔다.
2. 냄비에 물, 유기농 설탕, 소금을 넣고 끓으면 산양삼을 넣고 센 불에서 끓인다.
3. 끓으면 약한 불로 줄이고, 국물이 거의 없어질 때까지 끓인다.
4. 3에 꿀을 넣어 위아래로 뒤적인 후 윤기가 나도록 조려낸다.
5. 조려진 정과는 산양삼 뿌리에 잎을 돌돌 말아 채반에 담아 꾸덕꾸덕하게
말린 다음, 한지로 싸서 밀폐 용기에 보관한다.

보리유자 강정

✻

이천 재래시장 장날에 보리쌀 뻥튀기 튀겨 와
이 계절 유자를 넣어 겨울의 맛 강정을 만듭니다.
넉넉하게 만들면 언제라도 출출한 겨울 찻자리에 좋은 주전부리가 됩니다.
유자는 채 썰어서 말려두었다가 이렇게 강정 만드는 데 넣거나,
채소 버무리, 떡 등에 사용합니다. 버무리에 넣으면
말린 유자가 물기 때문에 다시 촉촉해지지요.

재료
보리쌀 뻥튀기 200g, 말린 유자 50g, 조청 4큰술, 메이플시럽 2큰술, 포도씨유 1큰술

만들기
1. 말린 유자는 껍질만 곱게 채 썰어둔다.

2. 달군 팬에 포도씨유, 조청과 메이플시럽을 넣고
약한 불에서 끓이다 불을 끄고 한 김 식힌다.

3. 2에 말린 유자를 넣고 버무린 뒤 보리쌀 뻥튀기를 넣고 잘 섞는다.

4. 밑면이 넓은 스테인리스 스틸이나 유리 용기에 여분의 포도씨유를 살짝 묻히고
3을 부어 편편하게 만든다.

5. 미지근한 상태에서 먹기 좋은 크기로 잘라 낸다.

자소매실 양갱

재료
자소매실 발효액 1컵, 한천 가루 10g, 흰 앙금 200g, 조청 1큰술, 물 ½컵

만들기
1. 그릇에 한천 가루를 넣고 물 ½컵을 부어 불린다.
2. 불린 한천을 중약불에서 기포가 올라오도록 저어가며 끓인다.
3. 기포가 올라오면 자소매실 발효액과 흰 앙금을 넣어 멍울지지 않도록 잘 저으며 풀어준다.
4. 다시 기포가 올라오면 조청을 넣고 잘 저으며 끓인다.
5. 준비한 틀에 물을 묻히고 4를 부어서 굳을 때까지 기다렸다 꺼낸다.

앙금 만드는 법 _ 재료는 팥 200g, 유기농 설탕 5큰술. 팥을 삶아서 걸러 체에 밭쳐 치대어 껍데기는 버리고 앙금만 내린다. 여기에 유기농 설탕을 넣어서 되직하게 조려 완성한다.

에스프레소 양갱

재료

원두로 내린 커피 1컵, 한천 가루 10g, 흰 앙금 200g,
조청 1큰술, 물 ½컵

만들기

1. 그릇에 한천 가루를 넣고 물 ½컵을 부어 불린다.

2. 불린 한천을 중약불에서 기포가 올라오도록
   저어가며 끓인다.

3. 기포가 올라오면 커피 1컵과 흰 앙금을 넣어
   멍울지지 않도록 잘 저으며 풀어준다.

4. 다시 기포가 올라오면 조청을 넣고 잘 저으며 끓인다.

5. 준비한 틀에 물을 묻히고 4를 부어서 굳을 때까지
   기다렸다 꺼낸다.

Index

우관 스님의 사찰음식
보리일미

초판 1쇄 발행 2016년 5월 1일
초판 2쇄 발행 2017년 4월 20일

지은이 우관

기획&진행 이호선(콘텐츠 제작소 내내봄)
사진 문덕관, 홍하얀
디자인 아트퍼블리케이션디자인 고흐
캘리그래피 우관

Special thanks to
자연산방 _ 태공산인
일여 스님, 근범 스님
고요재 _ 전영주·정미경
허종남, 서병례, 김수현
최주희, 김지연, 장화영

펴낸이 문덕관
펴낸곳 램프온더문
출판등록 2016년 4월 16일
마케팅 김민호
주소 서울시 종로구 돈화문로 90-1 3층
전화 02-512-9818 / 010-6401-3905
팩스 02-512-9819
전자우편 mdgwan65@naver.com

©우관 2016
ISBN 979-11-957919-0-3
가격 23,000원